设计构成基础

主　编　李志港　赵天华　韩婷婷
副主编　汤　瑾　闫施成　张彬彬

北京理工大学出版社
BEIJING INSTITUTE OF TECHNOLOGY PRESS

内 容 提 要

本书以设计构成基础为目标，采用项目与任务驱动的形式，强调培养学生的实践能力、思考能力与设计能力。本书从易到难，共设计了 8 个项目，主要内容包括初识平面构成、平面构成基本要素、平面构成类型、初识色彩构成、色彩基本原理、色彩的对比与调和、初识立体构成、立体构成材料的探索。其知识点涵盖平面构成、色彩构成、立体构成 3 个方面共 21 个任务，学生能够在项目任务的训练中，掌握设计构成的相关知识，同时能够激发学生设计创造能力。本书每个任务都按照"任务目标—任务要求—任务思考—任务计划—任务实施—任务总结"6 个模块进行阐述，满足当前应用型本科高校学生的认知需求。

本书可作为高等院校艺术设计类专业课程教材，也可作为设计爱好者与行业人员学习和参考的资料。

版权专有　侵权必究

图书在版编目（CIP）数据

设计构成基础 / 李志港，赵天华，韩婷婷主编.
北京：北京理工大学出版社，2025.1.
ISBN 978-7-5763-4674-9
Ⅰ. J06
中国国家版本馆CIP数据核字第2025US9017号

责任编辑：陈　玉	**文案编辑**：李　硕
责任校对：周瑞红	**责任印制**：李志强

出版发行 / 北京理工大学出版社有限责任公司
社　　址 / 北京市丰台区四合庄路6号
邮　　编 / 100070
电　　话 /（010）68914026（教材售后服务热线）
　　　　　　（010）63726648（课件资源服务热线）
网　　址 / http://www.bitpress.com.cn
版 印 次 / 2025年1月第1版第1次印刷
印　　刷 / 天津旭非印刷有限公司
开　　本 / 787 mm × 1092 mm　1/16
印　　张 / 16
字　　数 / 396千字
定　　价 / 82.00元

图书出现印装质量问题，请拨打售后服务热线，负责调换

前言 Foreword

设计构成是一门深入探讨设计基础元素的课程,旨在帮助学生掌握构成的基本原理和方法,并将这些原理应用于设计实践中。其课程的内容丰富多样,主要包括平面构成、色彩构成、立体构成等多个方面,每个方面都有其独特的理论和实践要求。在平面构成方面,重点研究点、线、面等基本元素的运用,以及如何通过不同的排列组合方式创造出丰富的视觉效果。色彩构成是设计构成中不可或缺的一部分,重点研究色彩的基本属性、色彩搭配原则,以及色彩的心理效应,帮助学生掌握色彩运用的技巧。立体构成则重点关注三维空间中的形态创造,引导学生学习如何运用基本形体的组合、切割、变形等方式创造出具有空间感和层次感的立体作品。

总体来说,设计构成是一门兼具理论性和实践性的课程。通过这门课程的学习,学生能够全面掌握设计构成的基本原理和方法,并具备将这些原理应用于设计实践的能力。

本书以项目驱动为核心,通过理论结合实际的操作形式,较为系统、全面地讲解了设计构成中的平面构成、色彩构成、立体构成3个方面的知识。其内容包括初识平面构成、平面构成基本要素、平面构成类型、初识色彩构成、色彩基本原理、色彩的对比与调和、初识立体构成、立体构成材料的探索共8个项目,每个项目都配备了由易到难的实训任务,力求以任务制作的方式使学生快速上手,掌握设计构成思路;按照任务细化知识点,知识点涵盖面广而全,便于学生掌握平面构成、色彩构成、立体构成的操作；同时，任务里有拓展知识部分的内容，便于学生掌握设计相关理论知识，提升实际应用能力。

本书由沈阳工学院李志港、赵天华、韩婷婷担任主编，由江西应用工程职业学院汤瑾，沈阳工学院闫施成、张彬彬担任副主编。本书具体编写分工：李志港与汤瑾编写项目一、项目二，赵天华编写项目三，韩婷婷编写项目四，张彬彬编写项目五、项目六，闫施成编写项目七、项目八。

由于编者的时间和经验有限，书中难免出现疏漏之处，恳请广大读者批评指正。

编 者

目录 Contents

项目一 初识平面构成 / 1

任务一 认识平面构成 / 2

任务二 构成与艺术形态 / 19

项目二 平面构成基本要素 / 28

任务一 点的构成 / 29

任务二 线的构成 / 34

任务三 面的构成 / 39

项目三 平面构成类型 / 44

任务一 平面构成元素 / 45

任务二 平面构成的设计法则 / 56

任务三 形式美法则 / 104

项目四 初识色彩构成 / 116

任务一 认识色彩构成 / 117

任务二 色彩的应用 / 123

项目五　色彩基本原理 / 144

任务一　色彩三要素 / 145

任务二　色调 / 153

任务三　色彩表达体系 / 162

项目六　色彩对比与调和 / 167

任务一　色彩对比 / 168

任务二　色彩调和 / 180

项目七　初识立体构成 / 186

任务一　认识立体构成 / 187

任务二　立体构成原理 / 191

项目八　立体构成材料的探索 / 205

任务一　纸材立体构成 / 206

任务二　木材立体构成 / 218

任务三　金属立体构成 / 228

任务四　塑料立体构成 / 239

参考文献 / 250

项目一　初识平面构成

🔍 知识目标

1. 掌握平面构成的基本理论。
2. 了解构成的发展历史。
3. 掌握平面构成在设计相关领域中的应用。

🔍 能力目标

1. 能够理解平面构成基本概念及发展历程,并进行艺术素养拓展。
2. 能够熟练通过平面构成在设计中的应用建立专业方向基本认知。
3. 能够结合平面构成概述进行设计应用认知的拓展。

🔍 素质目标

1. 培养学生对平面构成概念和不同时期艺术设计发展的理解能力。
2. 培养学生的审美能力及艺术素养。
3. 培养学生对形态造型特点的探究意识。

任务一　认识平面构成

任务清单

任务名称	任务内容
任务目标	（1）掌握平面构成的基本理论； （2）掌握构成的发展历史； （3）掌握平面构成在设计相关领域的应用
任务要求	准备以下工具及材料： （1）笔记本（纸质）； （2）针管笔、马克笔若干，铅笔、橡皮、圆规、格尺等辅助工具； （3）手机、计算机、打印机
任务思考	（1）平面构成、装饰图案、平面设计有何区别？ （2）追溯经典作品进行作品分析； （3）探索记录生活中和艺术作品中的构成
任务计划	在笔记本上进行三个思考题的图文编辑。通过计算机、手机等工具进行素材采集，用输出设备进行输出，将素材粘贴到笔记本上，配合分析文字形成记录
任务实施	（1）收集"任务思考"中的素材； （2）进行文字和素材的整合； （3）整理到笔记本上，形成图文并茂的学习笔记
任务总结	通过本次课题任务的学习，能够掌握平面构成的基本理论，了解构成的发展历史，掌握平面构成在设计相关领域中的应用。培养学生对平面构成概念和不同时期艺术设计发展的理解能力，培养学生的审美能力和艺术素养，以及对形态造型特点的探究意识

知识要点

一、平面构成概述

1. 构成

构成是一种造型的概念，也是现代造型设计用语。所谓构成，就是将几个以上的单元（包括不同的形态、材料）按照一定的原则，创造性地重新组合成为一个新的单元，并对其赋予视觉化的、力学的观念。同时，构成更多的是哲学和科学的含义："对象世界诸要素的分解与组合，使新的功能显现。"构成是创造形态的方法，研究如何创造形象，形与形之间怎样组合，以及形象排列，可以说构成是一种研究形象构成的科学。实际上，人类所有的发明创造行为本身就是对已知要素的重构，大到宏观宇宙世界，小到微观原子世界，都可以有自己的组合关系、结构关系。图1-1-1所示的西汉长信宫灯中，就蕴藏了传统的形式美、解构要素和功能性。图1-1-2所示为北京故宫鸟瞰图，在空间布局、建筑形态中都展现出了形与形之间的排列组合，创造了极具震撼的建筑群落。

图1-1-1　长信宫灯　西汉

图1-1-2　北京故宫鸟瞰图

从设计专业角度来说，构成是一种造型概念，即按照一定的原则将各种造型要素组合成美的形态，其过程和结果称为构成。构成是研究设计中最基本的造型（构成）要素——形、色、体，以及它们在二维或三维的空间里排列、组合形成的美的形态，是从诸多的审美实践中概括和总结出来的形式法则，形成的平面构成、色彩构成和立体构成，如图1-1-3~图1-1-5所示。随着社会的发展，以及新技术、新工艺、新材料的研发应用，在设计艺术造型的发展中，越来越多的点、线、面元素搭建组合，形成了空间概念的表现形式，延伸出了空间构成。由于体块搭建关系展示了立体结构，空间构成通常被归纳到立体构成中，如图1-1-6所示。

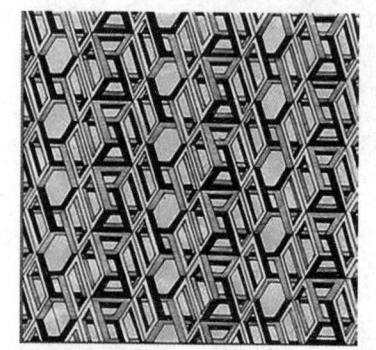

图1-1-3　平面构成　　　　　　　　图1-1-4　色彩构成

图1-1-5　立体构成　　　　　　　　图1-1-6　空间构成

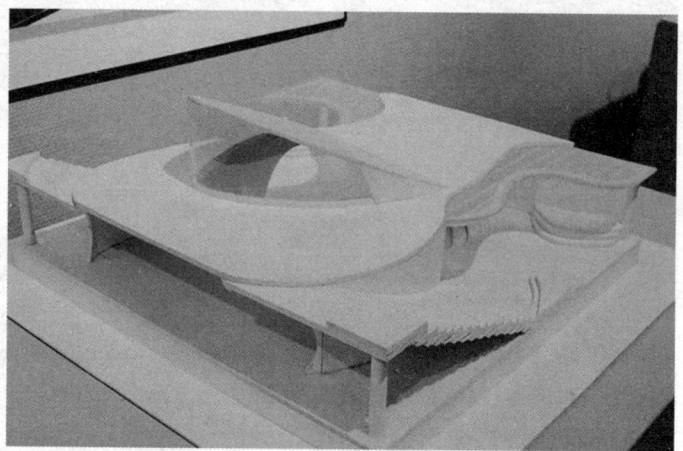

2. 平面构成

平面构成是将不同的基本形态（包括具象形态和抽象形态）按照一定的规则在二维平面上进行分解、组合，从而构成理想形态的组合形式。平面构成是设计中最基本的训练，是在平面上按照一定的原理设计、策划多种视觉形式。学习构成不是目的，而是形成目的的手段，是一种思维方式的训练、分析和试验，最后通过这种思维方式的开发，培养一种创造观念，使我们有更多的想象力和创造性，开拓设计思路。在这种创造观念指导下进行的设计过程，是一种更偏于理性的、逻辑的活动，因此，它所创造的画面形式多数偏于数学的美、秩序的美。平面构成一般只用黑色和白色，其目的是便于研究和表现形态自身的情感力量，如图1-1-7所示的平面构成作品。

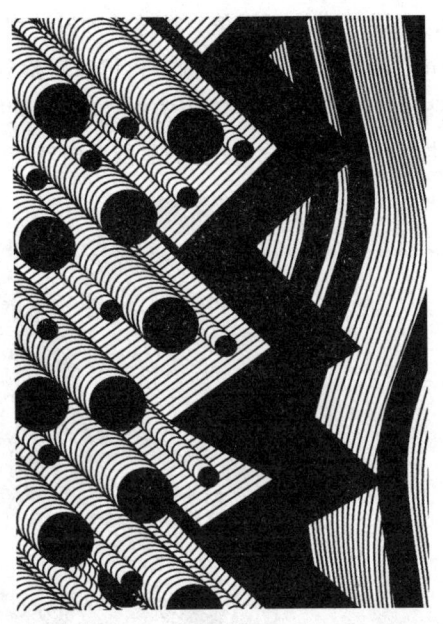

图1-1-7 平面构成作品（一）（来源：大作网）

  常见的构成形式有纯粹构成和应用构成两类。平面构成的基础学习与练习，称为纯粹构成；把平面构成应用于生活中，称为应用构成。纯粹构成是应用构成的基础，而应用构成是纯粹构成的延续和扩展。用点、线、面进行基础构成造型，即形成纯粹构成，如图1-1-8所示；还可进一步应用基础图形，在包装装饰中形成应用构成，如图1-1-9所示。

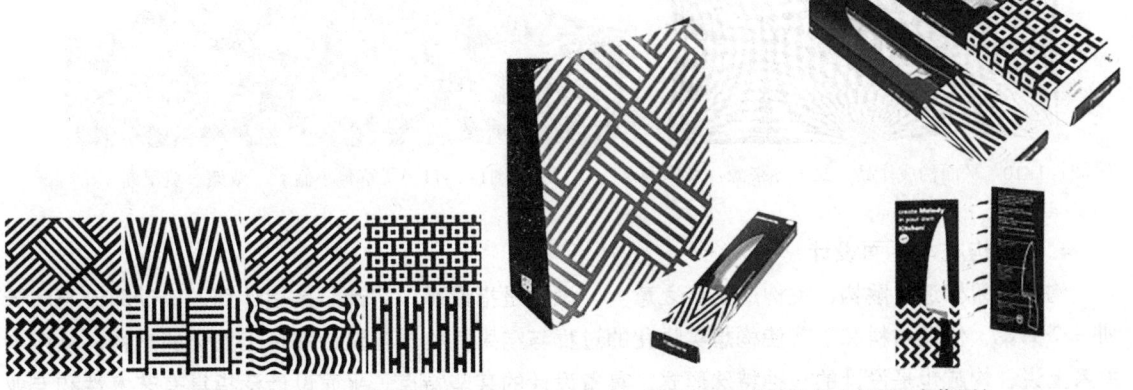

图1-1-8 纯粹构成（来源：大作网）   图1-1-9 应用构成（来源：大作网）

3. 平面构成与装饰图案

  平面构成与装饰图案常常被人们混淆，它们的共性在于都在运用重复、渐变、对称平衡、对比调和等形式美法则，都在研究和寻求美的造型规律；但它们的来源、研究对象和构成方式等都有所不同。如图1-1-10所示，构成是现代艺术，其形象是理性的、简约的。构成的创作常常抛开具体形象的限制，运用点、线、面、体等最基本的元素，进行排列、组合、分割，寻求美的构成形式。它是富于理智、以抽象形为主的，表现严谨的机械美、数理美的设计表现形式。图1-1-11所示为英国设计师威廉·莫里斯的经典装饰图案作品《草莓小偷》，可以观察到图案是装饰艺术，是伴随整个人类社会的发展而发展的，是与生活、劳动和手工工艺密切相关的艺术表现形式。图案形象往往是有机的、富于情感的，是人类真情的自然流露，注重的是师法自然和传统。

图1-1-10　平面构成作品（二）（来源：大作网）　　图1-1-11　《草莓小偷》　威廉·莫里斯

4. 平面构成与平面设计

构成，即构造、解构、重构、组合之意。"设"是指设想，"计"是指计划，设计即设想和计划一个方案，借助材料和工艺使构想实物化的过程与结果。构成与设计都是工业化的产物，从两者关系上说，构成也是设计的一种特殊形式，具备设计的某些特点。平面设计泛指具有艺术性和专业性，以"视觉"作为沟通和表现的方式。通过多种方式来创造和结合符号、图片及文字，借此作出用来传达想法或信息的视觉表现。

如图1-1-12所示，平面构成运用点、线、面元素进行形式搭建，对视觉、美感进行艺术创作，不受设计内容和工艺的约束，是一种美学形式。而平面设计的作品，其目的是具有实用性并创造价值。如图1-1-13所示，潘虎包装设计实验室的黑狮啤酒包装设计中将视觉元素与产品价值融合，形成具有品牌特质的设计，为品牌创造商业价值。

图1-1-12　平面构成作品（三）（来源：大作网）　　　　图1-1-13　平面设计作品（黑狮啤酒包装设计）

二、构成的发展历史

"构成"概念是从绘画的发展而衍生出来的。平面构成的理论是受到诸多艺术流派的影响逐渐形成的，如法国立体主义、俄国构成主义、荷兰风格派、德国包豪斯设计学院等。

1. 法国立体主义

立体主义（Cubism）是西方现代艺术史上的一个运动和流派，又译为"立方主义"，1908年始于法国。立体主义的艺术家追求碎裂、解析、重新组合的形式，形成分离的画面，许多组合的碎片形态是艺术家们所要展现的目标。艺术家以许多的角度来描写对象物，将其置于同一个画面之中，以此来表达对象物最为完整的形象。物体的各个角度交错叠放，造成了许多的垂直与平行的线条角度，散乱的阴影使立体主义的画面没有传统西方绘画的透视法造成的三维空间错觉。背景与画面的主题交互穿插，让立体主义的画面创造出一个二维空间的绘画特色。图1-1-14、图1-1-15所示的以毕加索为代表的立体派在作品中呈现了三维空间视觉感受。

立体派最大的进步是否定了透视，第一次打破了架上绘画的写实性，由创作者本能和主观想象来描述对象，作品中充满着解体、破碎，弥漫着梦幻的意识。

毕加索画作中抽象的线条语言独特而有力量，这些线条从不同视角剖析事物，为构成概念的形成奠定了视觉语言基础，如图1-1-16、图1-1-17所示。

图1-1-14 《亚维农的少女》 毕加索 1907年　　图1-1-15 《梦》 毕加索 1932年

图1-1-16 《学生》 毕加索 1919年　　图1-1-17 《镜前少女》 毕加索 1932年

2. 俄国构成主义

构成主义兴起于俄国的艺术运动，大约开始于1917年的俄国十月革命之后，持续到1922年左右。对于激进的俄国艺术家而言，十月革命引进根基于工业化的新秩序，是对于旧秩序的终结，这个革命被视为俄国无产阶级的一大胜利。在革命之后，大环境提供了信奉文化革命和进步观念的构成主义在艺术、建筑学和设计实践的机会。构成主义主要分为两股潮流：一种是塔特林和罗德琴柯，主张走实用主义道路，并且为政治服务；另一种是加博和佩夫斯纳，则强调艺术的自由与独立，追求艺术形式的纯粹性。

构成主义（Constructivism），又名结构主义。构成主义企图反叛现代艺术的自律性，提倡艺术的实用价值和社会功能，极大地影响了德国包豪斯和荷兰风格派运动，并广泛影响了20世纪建筑、平面设计、工业设计、戏剧、电影、摄影、音乐等艺术门类。虽然构成主义也采用抽象形式，但它并不强调艺术的纯粹性和精神性，而是以服务生活的实用性为导向。

构成主义的三个基本原则是技术性、肌理、构成。这三个基本原则的含义是：技术性代表艺术运用于社会的实用性；肌理代表对工业建设材料的深刻理解和认识；构成象征组织视觉新规律的原则与过程。

构成主义的特征是采用简单的几何形式和鲜明的色彩，强调结构的单纯性。构成主义的观念首先被运用在建筑、电影领域，并影响了绘画、雕塑、工业设计和平面设计（图1-1-18、图1-1-19）。

图1-1-18　《黑色正方形》　马列维奇·季奥尔　1913年

图1-1-19　《构图8》　瓦西里·康定斯基　1932年

3. 荷兰风格派

风格派又称新造型主义画派，是由一些画家和设计师于1917年建立起来的，它接受了野兽派、立体主义、未来主义等艺术流派的现代观念，在荷兰本土发展起来。风格派在绘画方面的核心人物是彼埃·蒙德里安，他的创作宗旨是追求抽象和简化，作品中通常以平面、直线、抽象作为主要元素，色彩简化，风格抽象简练（图1-1-20、图1-1-21）。在家具和建筑设计领域，风格派也有很突出的代表作品。

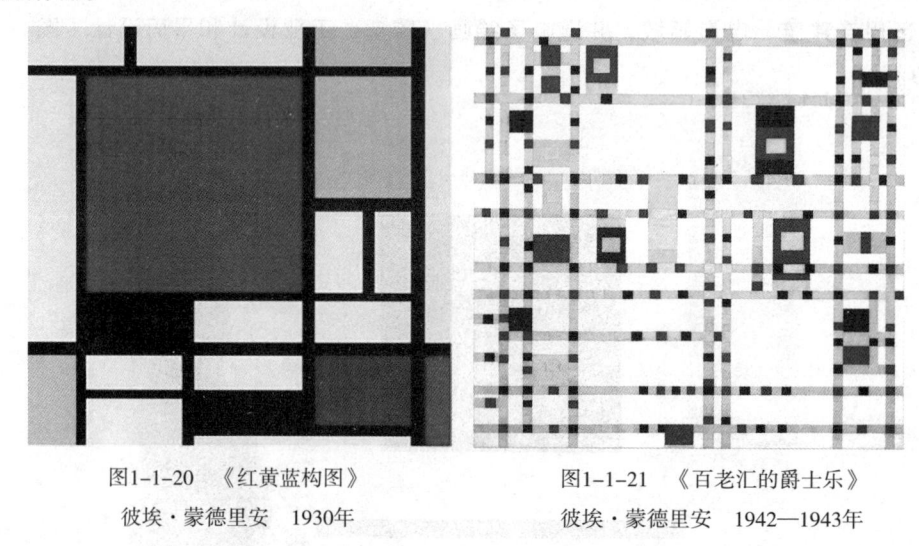

图1-1-20 《红黄蓝构图》 彼埃·蒙德里安 1930年

图1-1-21 《百老汇的爵士乐》 彼埃·蒙德里安 1942—1943年

风格派从一开始就追求艺术的"抽象和简化"。艺术家们共同关心的问题是简化物象直至本身的艺术元素。因而，平面、直线、矩形成为艺术中的支柱，色彩也减至红、黄、蓝三原色及黑、白、灰。风格派运动受到构成主义运动和包豪斯的影响，成为一个国际性的设计运动，在短短十余年时间里，取得了丰硕的成果。

4. 德国包豪斯设计学院

包豪斯（BauHaus）在世界现代设计史上地位非常重要。包豪斯是世界上第一所设计学校，由著名建筑师格罗皮乌斯于1919年在德国魏玛建立，叫作"公立包豪斯学校"，它的建立标志着现代设计的诞生（图1-1-22）。

包豪斯学校为发展设计教育而建，逐渐发展成为现代主义集大成的中心，把欧洲现代主义设计运动推至新的高度，是现代艺术教育的里程碑。

包豪斯设计学院开创了全新的现代设计教育理念，并在教学中逐步形成了完整的教学计划和理论体系。它改革和创新传统教学，将构成内容融入基础训练中，强调形式和色彩的客观分析，并以此来指导与提升"设计"思维。包豪斯提出的"技术与艺术的统一""对材料、结构、肌理、色彩有科学技术性的理解"、强调设计与实践相结合等理念，对现代设计影响深远。包豪斯设计学院由一流的艺术家任教，如康定斯基、伊顿、蒙克等。现如今学习的很多设计基础理论都是由这些艺术教育先驱们提出和整理的。至今为止，我国平面构成、色彩构成、立体构成（三大构成）的教学，基本沿用了伊顿所创立的构成基础课理论体系。构成理论从完全抽象的形与色的理论研究入手，逐步将理论延伸到具体的设计中并进行结合，以启发的方式为今后的实际设计打下良好的基础。

"包豪斯"对现代世界的最大贡献还在于把艺术从一些特定的阶层、民族或国家的垄断中解放出来，归还给社会大众。它降低艺术的生产成本、提高艺术的生产效率，使艺术全面而整体地介入人类现代生活。在日常接触的每一件现代工业出产的人工制品与物质景象中，无论是书籍影视、服装饰物，还是家具器皿、城市建筑，都或多或少可以见到"包豪斯"的影子。在追求环保和简约生活的当下，"包豪斯"理念不仅没有过时，而且应予发扬光大，使之继续造福于人类。

图1-1-22　包豪斯设计学校

三、平面构成在设计相关领域中的应用

平面构成主要是对抽象的视觉要素，进行形式上的创意组合探索研究。它的构成元素和设计手法都为各种门类的设计提供了方法，例如，视觉传达设计、空间设计、产品设计、新媒体设计等都提供了最基本的设计方法。

（一）在视觉传达设计中的应用

视觉传达设计从词组的字意上来理解，就是将要表达的信息语言通过视觉形象借助媒介来表现，并传递给个人的视觉感知设计。视觉传达设计源于平面设计（Graphic Design），随着社会的发展和科学技术的进步，平面设计已超出原有的范畴。1960年，在日本召开的世界设计大会（Icograda World Design Congress）上，产生了"视觉传达设计"的概念。视觉传达设计所包含的范畴已拓展到社会的各个领域。在视觉传达过程中，色彩是第一刺激信息，视觉传达信息接受者对色彩的感知和反射是最敏感、最强烈的。图形或图式作为一种视觉形态，本身具有语言信息的表达特征，这里的图形或图式需要通过构成的形式去表达和传递。因此，在视觉传达设计中，图形构成要素的运用是整个设计的基础。

1. 平面广告设计

构成在平面广告设计中起到关键的作用。构成主要包括色彩、线条、形状、布局等元素，这些元素通过设计师的精心组合和布局，形成了平面广告的基本框架和视觉效果。色彩的选择和搭配，能够引起观众的注意，传达出广告的主题和情感；线条的流动和变化，能够引导观众的视线，突出广告的重点；形状的选择和组合，则能够形成独特的视觉形象，增强广告的辨识度。

平面广告设计需要通过对构成元素的巧妙运用来实现其宣传和推广的目的。设计师需要根据广告的主题和目标受众，选择适合的构成元素和组合方式，以传达出清晰、准确、有吸引力的信息。例如，在宣传产品的广告中，设计师可以通过运用鲜艳的色彩和简洁的形状来突出产品的特点，吸引消费者的注意；在宣传活动的广告中，设计师则可以通过运用动态的线条和布局来营造出活跃、热烈的氛围，激发观众的兴趣和参与意愿。

构成与平面广告设计之间的关系还体现在对视觉效果的追求上。平面广告作为一种视觉艺术形式，需要通过视觉冲击力、感染力和吸引力来抓住观众的眼球。构成元素的运用和组合，可以创造出丰富多样的视觉效果，如对比、重复、渐变等手法，能够营造出强烈的视觉冲击力；点、线、面的组合和搭配，则可以形成具有象征意义的图形和图案，增强广告的感染力和吸引力。

构成是平面广告设计的基础和支撑，而平面广告设计则是构成元素的具体应用和体现。两者相互依存、相互促进，共同构成了精彩纷呈的平面广告世界。因此，在平面广告设计中，设计师需要熟练掌握和运用构成元素及技巧，以创造出更具吸引力和影响力的作品。

图1-1-23所示为靳埭强先生的《山水风云》系列海报设计。在作品中对"山""水""风""云"等文字进行图画和文字相结合的展现，采用了一种似字非字、似画非画的造型，运用现代构成手法装饰、借用、重构等展开设计表现，观众一眼望去能够隐约感觉到是"山""水""风""云"四个字，但是仔细一看，四个字的描摹是和其本身的含义相一致的。例如，"山"字线条粗细不均，象征着山脉的高低起伏，给人以蜿蜒的感觉；靳埭强对"云"字进行了斜放置的处理，整个画面呈对角线排列，将云彩的飘逸和灵动之美体现得淋漓尽致。其作品把我国的传统水墨与现代构成设计手段相融合，形成独特的设计风格，体现了中国水墨文化的博大精深。

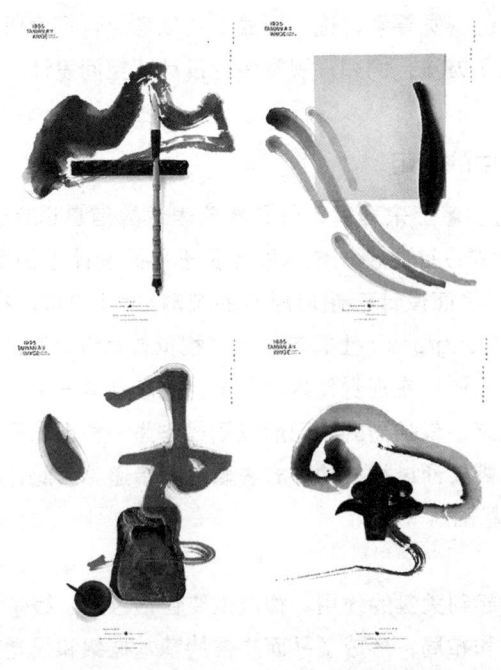

图1-1-23 《山水风云》系列海报设计

2. 商品包装设计

　　图1-1-24所示为潘虎包装设计实验室设计的一款可回收再利用的包装设计。将一块太阳能板、一块屏幕、三套节能灯和其他配件通过紧密的结构，集成在一个抽屉大小的瓦楞纸盒中。人们在取出里面的灯具及设备后，原本的包装就会形成一个可长期存放的抽屉，用来分隔不同产品部件的隔板，经过简单的撕拉和折叠，立刻变成几个不同大小的衣架。六套产品会通过一个大箱进行集成运输，外箱通过简单的处理，就可变成一个可以用来悬挂衣物的衣柜或六斗柜，经销商可以将空置的大箱以非常低的价格卖给消费者使用。采用可回收的高强度防水瓦楞纸，让这一套包装具有极高的耐用性。消费者可以用它们来存放碗碟、食物或衣物，设计师希望这套包装可以让消费者不多花一分钱的同时，改善一些生活条件。而这一点点细微的改变背后，可能拯救的是千万患细菌感染的生命。设计者希望通过这一次产品包装的设计，在一定程度上提升世界上的BOP（金字塔底层人群）作为人的基本体面，打造更多具备社会责任感和文化责任感的作品，这也是设计者的心中愿景，在公益的路上，大家步履不停。

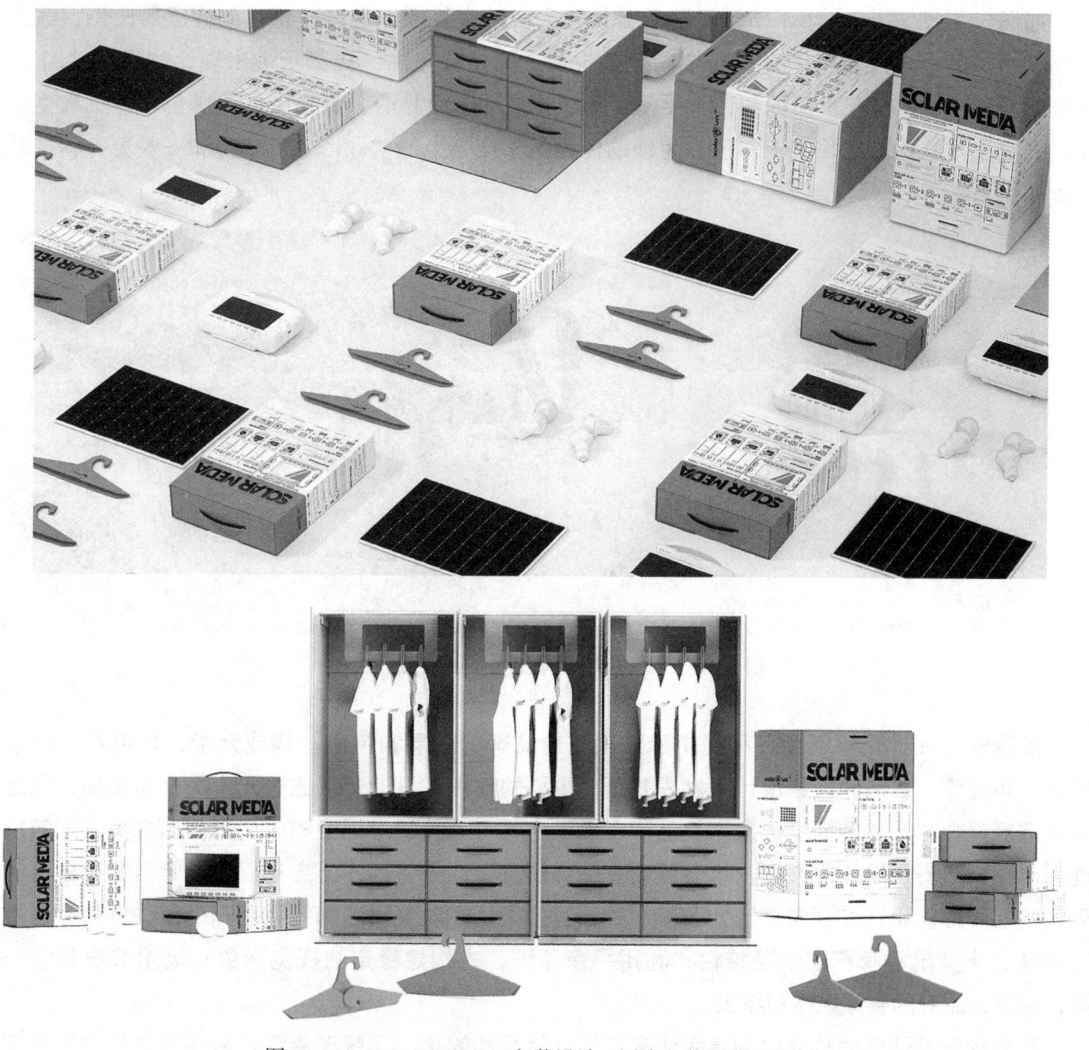

图1-1-24　SOLAR MEDIA包装设计　潘虎包装设计实验室

在设计中,潘虎包装设计工作室利用构成语言讲述产品形态将点、线、面元素解构重组,搭配上鲜明的色彩关系,让冰冷的产品生成情感,传递着人文关怀。包装结构工艺和材料使用,在追寻形式美法则的基础上,强调设计的功能性作用。

包装设计需要通过各种元素和技巧来创造出吸引消费者的视觉效果。构成元素,如色彩、线条、形状、布局等,在包装设计中起到至关重要的作用。通过巧妙地选择和搭配这些元素,设计师能够构建出富有创意和吸引力的包装外观,提升产品的市场竞争力。在包装设计中,设计师需要根据产品的特点和市场需求,运用构成原理来创造出符合品牌形象和消费者喜好的包装形象。例如,通过运用对比和重复的手法,来突出产品的重点信息;利用渐变和层次感,来增强包装的立体感和深度。包装设计不仅要保护产品、方便运输和储存,还要通过视觉元素来传达产品的信息、品牌形象和价值观。构成的理念与技巧可以帮助设计师更好地理解和把握消费者的心理需求,从而创造出更具有针对性和吸引力的包装作品。

3. 品牌形象设计

如图1-1-25所示,小米新视觉形象替换了原有的直线框,通过分析得到椭圆形比例,线条的变化使小米的标志不会被限定在一个固定的位置,而是更自由、更灵活地出现,体现了"Alive"的理念精髓——科技与生命的和谐、平衡。小米橙是小米最核心、最重要的品牌色,象征着生命力和活力。小米的标志启用了银灰色作为辅助色,用于产品上的"xiaomi"字标和一些更有科技感的场景。

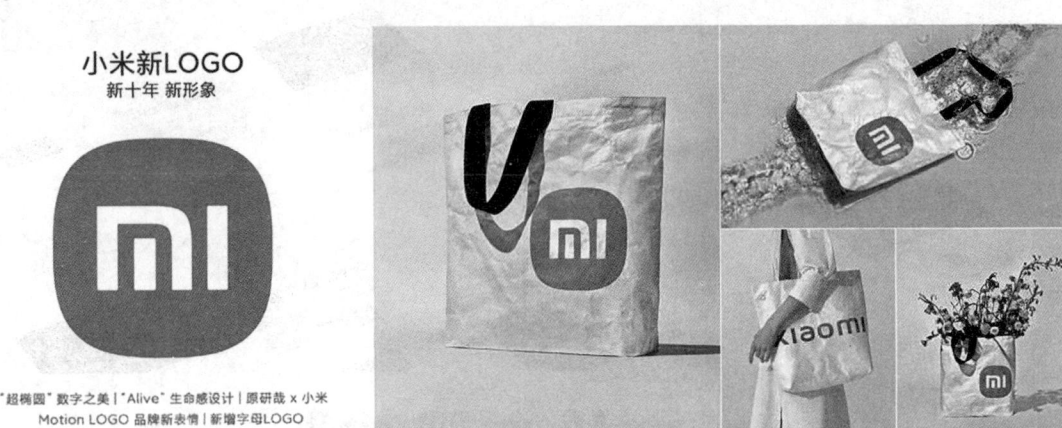

图1-1-25　小米品牌形象设计　原研哉　2021年

品牌形象设计需要借助各种视觉元素来塑造品牌的形象和特色。构成元素,如色彩、线条、形状、布局等,在品牌形象设计中发挥着至关重要的作用。设计师对这些元素组合和布局,创造出符合品牌理念和风格的视觉形象,使品牌在市场中具有独特的辨识度和吸引力。形式美法则包括平衡、对比、节奏、统一等原则,这些原则在品牌形象设计中得到广泛应用。设计师需要遵循这些原则,使品牌形象设计在视觉上达到和谐、统一的效果,同时突出品牌的特色和个性。例如:运用对比手法,来突出品牌标志的独特性;利用平衡原则,来构建稳定的视觉形象;运用节奏和统一原则,来营造品牌的整体风格和氛围。

品牌形象设计借助构成的创意手法来实现其目标和效果。品牌形象设计旨在通过视觉元素来传达品牌的理念、文化和价值观，与消费者建立情感联系和认同。构成的创意手法可以帮助设计师更好地理解和把握消费者的心理需求，从而创造出更具有针对性和吸引力的品牌形象。例如，运用象征和隐喻手法，来传达品牌的深层含义；利用抽象和具象的结合，来展现品牌的个性和特色。

构成作为设计的基础和核心，为品牌形象设计提供了重要的理论支撑和实践指导；而品牌形象设计，则通过对构成元素的巧妙运用和创意手法的发挥，传达出品牌的独特价值和个性。因此，在品牌形象设计中，设计师需要熟练掌握和运用构成的知识与技巧，以创造出更具有创意和吸引力的品牌形象。

（二）在空间设计中的应用

1. 室内空间设计

图1-1-26所示为加拿大蒙特利尔知名建筑师事务所做的旧地毯工厂室内空间改造项目，可以看到室内空间设计过程中构成起到了骨架和支撑的作用。构成元素包括色彩、线条、形状、材质等，这些元素通过设计师的巧妙组合和布局，构成了室内空间的基本框架和视觉效果。主体块的一侧设置了一道纪念性的拱门。这是一个引人注目的结构，与两处原有的技术管线建立连接，就像是巴黎的凯旋门，该结构限制空间，庆祝胜利，并且可以作为大门使用。另一侧是一座适应性的地台，可以作为前厅。连接两层的结构将空间激活成一个间隙场所，鼓励非正式的碰面发生。

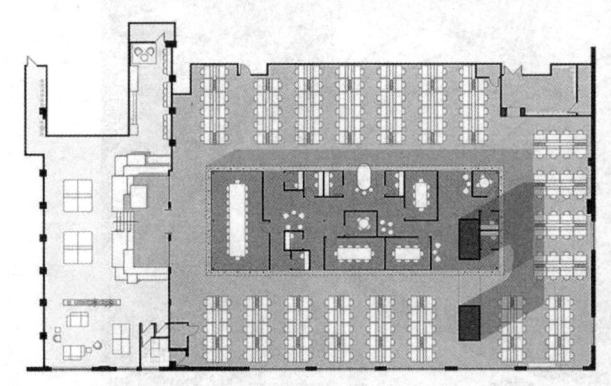

图1-1-26　旧地毯工厂室内空间改造　加拿大蒙特利尔某建筑师事务所　2022年（来源：谷德设计网）

构成是室内空间设计的基础和支撑，而室内空间设计则是构成元素的具体应用和体现。色彩的运用可以营造出不同的氛围和情绪，线条的流动和变化可以引导人们的视线和感知，形状的选择和组合可以形成独特的空间形态，而材质的选择可以带来不同的触感和视觉体验。室内空间设计需要通过对构成元素的运用来实现其功能性和美观性的平衡。设计师需要考虑到空间的结构和限制，如墙面、天花板、地面的材质和高度，以及门窗的位置等。通过合理的选择和搭配，设计师可以使空间结构得到最大限度发挥，满足居住者的实际需求。同时，设计师还需要注重空间的美观性，通过色彩、材质、光线等元素的协调搭配，营造出舒适、美观的室内环境。构成与室内空间设计的关系还体现在对文化、风格和审美趣味的体现上。室内空间设计需要考虑到居住者的文化背景和审美趣味，以及所处的地域风格。设计师需要结合居住者的喜好和需求，融入适当的文化元素和艺术元素，形成独特而有个性的室内空间。这种个性化的设计不仅满足了居住者的精神需求，也体现了构成在室内空间设计中的重要作用。

2. 建筑景观设计

图1-1-27所示的北京凤凰国际传媒中心，采用无线循环的开放式环状造型，凤凰飞舞般的流线型线条，将建筑的高低起伏自然融合，在平衡各种建筑问题的同时，将凤凰传媒的亲和、开放之美展现于城市。建筑的整体设计逻辑是用一个具有生态功能的外壳，将具有独立围护使用的空间包裹在里面，体现了楼中楼的概念，两者之间形成许多共享型公共空间。在东、西两个共享空间内，设置了连续的台阶、景观平台、空中环廊和通天的自动扶梯，使整个建筑充满动感和活力。此外，建筑造型取意于"莫比乌斯带"，这一造型与不规则的道路方向、转角，以及朝阳公园，形成和谐的关系。

图1-1-27　北京凤凰国际传媒中心　北京市建筑设计研究院方案创作工作室

整个建筑也体现了绿色节能和低碳环保的设计理念。光滑的外形没有设一根雨水管，所有在表面形成的雨水顺着外表的主肋导向建筑底部连续的雨水收集池，经过集中过滤处理后提供艺术水景及庭院浇灌。建筑具有单纯、柔和的外壳，除其自身的美学价值外，也有缓和北京冬季强烈的高层建筑的街道风效应的作用。建筑外壳同时又是一件"绿色外衣"，为功能空间提供了气候缓冲空间。

建筑的双层外皮很好地提高了功能区的舒适度和建筑能耗。设计利用数字技术对外壳和实体功能空间进行量体裁衣，精确地吻合彼此的空间关系。共享空间利用30 m的高差、下大上小的烟囱效应，在过渡季中，可以形成良好的自然气流组织，节省能耗。建筑景观设计中经常能够看到构成元素运用其中，解决建筑景观设计最基础的设计造型问题。

（三）在产品设计中的应用

图1-1-28是一系列家居用品设计，简约的几何流线型线条设计，创新材质与功能性相结合，科技感十足，构成设计在产品设计中的应用无处不在。

简约、干净、亲近、温和、宁静

图1-1-28　家居用品设计

（1）构成原理是产品设计的基础。在产品设计过程中，设计师需要运用构成的基本原理，如点、线、面的组合和排列，以及色彩、形状、材质的选择和搭配等，来创造出符合产品功能和审美要求的设计方案。这些构成元素在产品设计中的合理应用，能够提升产品的整体美感和视觉效果，增强产品的吸引力和竞争力。

（2）构成有助于实现产品的功能性和易用性。在产品设计中，构成不仅关注外观的美观性，还注重产品的实用性和功能性。设计师通过合理的构成设计，能够优化产品的结构布局和使用方式，使其更加符合人体工程学原理和使用习惯，提高产品的易用性和用户体验。

（3）不同的构成方式和元素选择，能够创造出不同的产品风格和特色。设计师可以根据产品的定位和目标用户群体，选择合适的构成元素和设计手法，来塑造产品的独特形象和个性，使其在市场中脱颖而出。

（4）科技的不断进步和新材料、新技术的不断涌现，为产品设计提供了更多的可能性和选择性。设计师可以运用先进的构成手法和技术手段，结合新材料的特点和优势，创造出更具有创新性和前瞻性的产品设计作品。构成在产品设计中的应用具有重要的作用和价值，它不仅能够提升产品的美观性和实用性，还能够体现产品的个性和风格，为产品的市场竞争力和用户体验的提升提供有力的支持。

（四）在新媒体设计中的应用

图1-1-29所示为Punch手机App界面设计，通过点、线、面构成基本元素构建图形识别信息，融入渐变色彩搭配图形使得界面的功能性有效体现。构成在新媒体上的应用越来越广泛。

图1-1-29　Punch手机App界面设计

新媒体设计本身就是一种构成艺术。新媒体设计利用数字技术和网络技术，通过计算机、手机、数字电视机等终端，向用户提供信息和娱乐服务。在这个过程中，设计师需要运用构成原理，将各种视觉元素（如线条、色彩、形状等）进行有机的组合和排列，形成具有视觉冲击力和信息传达效果的设计作品。构成在新媒体设计中的应用主要体现在交互设计上，新媒体设计强调用户的参与和体验，因此，交互设计成为新媒体设计中的重要环节，设计师需要运用构成原理，设计出符合用户习惯和认知的交互界面及交互方式，提高用户的使用体验和满意度。构成在新媒体设计中的应用还表现在动态设计上，新媒体设计中的动态设计，如动画、视频等，需要设计师运用构成原理，掌握好节奏和韵律，使动态设计更具有生命力和表现力。构成在新媒体设计中的应用还体现在对多媒体信息的整合上，新媒体设计涉及多种媒体形式，如文字、图片、音频、视频等，设计师需要运用构成原理，对这些不同形式的媒体信息进行有机的整合和呈现，形成具有统一风格和主题的设计作品。

任务二　构成与艺术形态

任务清单

任务名称	任务内容
任务目标	（1）掌握形态的概念与分类； （2）掌握形态的视觉与知觉； （3）了解艺术设计实践中构成与艺术形态的关联
任务要求	准备以下工具及材料： （1）笔记本（纸质）； （2）针管笔、马克笔若干，铅笔、橡皮、圆规、格尺等辅助工具； （3）手机、计算机、打印机
任务思考	（1）收集三大类形态，每一类10种物象； （2）每一类形态找出一个典型案例进行分析，提取物象的结构并做说明； （3）探索并记录生活中和艺术作品里的构成
任务计划	在笔记本上进行三个思考题的图文编辑。通过计算机、手机等工具进行素材采集，用输出设备进行输出，将素材粘贴到笔记本上，配合分析文字形成记录
任务实施	（1）收集任务思考题中的素材； （2）进行文字和素材的整合，可以原图拼贴或计算机打印形成图文并茂的学习笔记
任务总结	通过本次课题任务的学习，能够掌握形态的概念与分类，掌握形态的视觉与知觉，了解艺术设计实践中构成与艺术形态的关联。能够培养学生艺术形态在构成中应用能力，培养学生的审美能力及艺术素养，培养学生对形态造型特点的探究意识

知识要点

一、形态的概念与分类

（一）形态的概念

人们生存的客观世界中的各种物象千姿百态，但可分为物质和精神两类形态。"形态"的中文含义："形"即形象，形体，形状，样子，还包括形势、显露、表现、对照，同时，它与"型"字相通。在设计艺术造型中，体现的是物体形象的轮廓和样子。而"态"解释为形状和神态。"形"是客观物象的记录和反应，是物质的、物化的、实在的、有形的、相对静止固定的。"态"是人的反映，是精神的、文化的、动态的、富有内涵的。"形"在人类认识它之前就已经存在，但是在人类认识它以后赋予其"态"的特性，进而构成"形态"，形态是客观与主观认知相结合的产物。"形"与"态"的构成还表现为在一定条件下事物的表现形式，所以，"形态"其内涵和外延已经大于其字义的本身。图1-2-1所示的家居用品中，鸟与鸟巢的形状通过设计重构，融入相互陪伴的人文信息传递，在作品中展现"形"与"态"。图1-2-2所示的家居用品中，花朵自然形状与椅子结构形成新的形态。因此，形态既是对平面的描述，又是对立体的描述，是材料、结构和形式的总和，是客观与主观的结合，是人的感知世界所感知到的客观实在。

图1-2-1　家居用品（一）（图片来源：大作网）　　图1-2-2　家居用品（二）（图片来源：大作网）

形态的本源是一个复杂而多面的问题，涉及哲学、科学和艺术等多个领域。它可能与事物的本质、属性和环境有关，也可能与艺术家的创造力和观众的感知有关。形态的本源是构成其自身最根本的元素，是人的视觉所能认知的最基本的纯粹形态。它的本质是"其自身的理化性质和生物性质的内在联系，与一定的外在因素的相互作用"，也是人们自身素质对客观事物的物质性和精神性结合的结果，是客观与主观的统一。从形态的角度入手对艺术设计进行研究，是对造型设计对象的本源的探讨，抓住了艺术设计的关键。

在构成中，形态不等于形状。形状是指立体物在某一距离、角度与环境条件下所呈现的外貌；而形态是指物体的整个外貌。物体的某种形状仅是形态的无数面中正面性的一个面，以及见到的外轮廓，而形态是由无数形状构成的一个统合概念体。图1-2-3所示的瓶子，从植物形状中汲取灵感，运用铁丝、亚克力晶体进行艺术创作，形成瓶子的形态。图1-2-4所示的旋转楼梯，则是利用空间、材料，提取螺形结构形成的。

图1-2-3　瓶子（学生作品）　　图1-2-4　旋转楼梯（来源：大作网）

（二）形态的分类

根据形态与人类感知系统的关系，可以把客观世界中的形态分为物质形态和精神形态两种，即现实形态和意象形态，如图1-2-5所示。

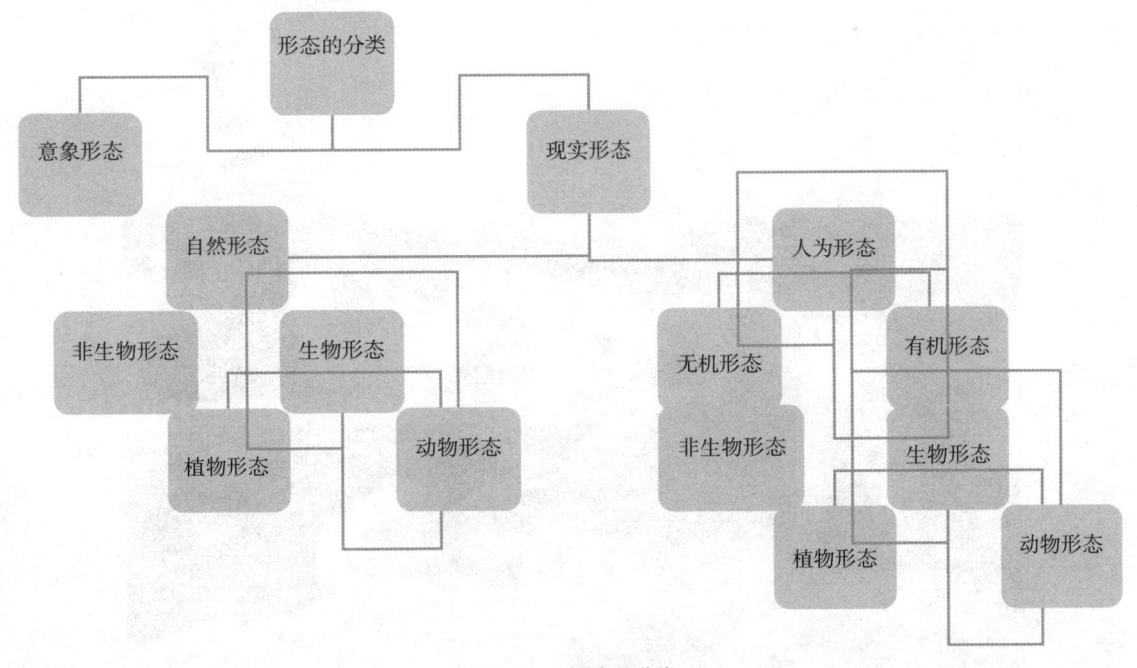

图1-2-5　形态的分类

所谓现实形态，是指存在于人们周围的一切物象形态，包括自然形态和人为形态，是人们能够直接看到和触碰到的实际形象。

自然形态是非人为形成的，如山、川、石、土、河等非生物形态（图1-2-6），以及动物和植物等生物形态（图1-2-7、图1-2-8）。生物形态又可分成植物形态和动物形态两大范围。尽管在动、植物的低级种类中，这两种形态是很难严格加以区分的，但是在两者的高级种类中，却能看出两者性质上的显著差别。

人为形态包括无机形态和有机形态，也可以把无机形态叫作非生物形态，把有机形态叫作生物形态。这两个名称不仅适用于自然形态，也适用于人为形态和意象形态。而人类所从事的一切造物、造型和设计活动所产生的形态称为人为形态，这些形态是新的现实形态。这些人为的、新的现实形态也包含非生物形态和生物形态，生物形态也包含植物形态和动物形态。

图1-2-6　无印良品平面广告

图1-2-7　北极动物

图1-2-8 植物叶片（来源：大作网）

　　由现实形态和意象形态构成的形态，还包含具象的和非具象的因素，有时又称其为具象形态和抽象形态。

　　意象形态是指人的意象。从自然形态中提取、设计，通过抽象形态完成。凡是那些不能为人们的视觉和触觉直接感知的，而必须借助语言和词汇的"概念"意象（通过心理学的第二信号系统）感知的，的确存在于大脑中并参与造型和设计构思的形态，都称为意象形态。意象形态是视觉化之前的一类形态，也是人为形态。意象形态是具有中国特色的艺术概念："意"是在艺术创作之前，设计者头脑中的艺术构思；"象"是客观物象，在此是艺术加工的物象。意象形态是看不到也摸不着的，是相对于现实形态的形态。图1-2-9所示的插画以中国经典名著西游记作为创作背景，现实中不存在的意象形态与文化相碰撞，设计构思通过设计表现以现实形态生成。

图1-2-9 西游记插画（来源：站酷网）

　　作为意象形态，本来是不能感知的，但是为了把它作为造型形式要素来研究，就必须用可见的形式把它表现出来，使其成为可见的形象，也就是说要把意象形态表象化。一旦它成为表象化了的可见形态，它就不再是意象形态，而是意象形态的记号形式。意象形态包括"具象"形态和"抽象"形态。

纯粹形态是指抽象形态分解到最后无法再分解时的形态，可以构成一切形态的基本形态。其是为了研究现实形态的造型形式，从现实形态中抽象出来的形态，也是科学的人为造型形式形态。所谓抽象形态，绝不是人们头脑里形成的抽象概念，它的含义是指"概括"和"提炼"。图1-2-10所示的毕加索的公牛，把牛的形体逐渐概括，线条逐步简练，高度概括、浓缩自然的形象，将复杂的自然形态概括提炼成为最简洁的视觉元素——点、线、面，并运用点、线、面按照构成原理重新组合构成新的形象。

图1-2-10 《公牛》 毕加索 1946年

通过对纯粹形态的放大、缩小、分解、变形、组合与重构，可以形成新的、平面的或立体的人为形态和自然形态。由于特定的形态本身所具有的物理和心理的性质，加之与之相关的色彩、物理和心理的性质，以及形态组合时各形态相互之间的关系和与周边环境发生的关系，可以使人对于形态产生不同的心理情感和审美反映。图1-2-11所示的建筑结构，通过几何形组合构建外观，与周围环境相呼应，能够体验到舒适放松的氛围，形成全新的具有形式美感的画面。

图1-2-11 建筑渲染（来自：花瓣网）

二、形态的视觉与知觉

（一）视觉

人的认识过程由感觉、知觉、注意、记忆、联想、思维等部分组成，人们对事物的认识最初是通过人的感觉感知的。感觉反映着作用于感觉器官的对象和现象的个别特性。在感觉器官中，视觉是最为重要的。人的眼睛是人体中最精密、最灵敏的感觉器官。外部环境80%的信息都是通过眼睛来感知的。人要捕捉外界事物的形态，必须具备三要素，即眼睛、光、对象，如图1-2-12所示。而这三要素的变化决定了视觉现象的变化。

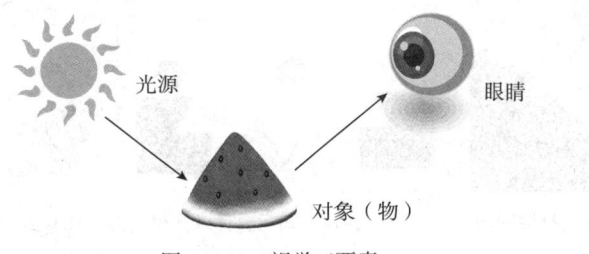

图1-2-12　视觉三要素

在必备视觉条件下，当眼睛把视觉对象的外部刺激信息通过视神经系统输送到大脑时，大脑要使用已有的经验、知识和逻辑方法，对视觉对象进行分析、综合、整理、加工，之后才能形成对视觉对象的感性认识，而这一视觉对象特点要受一些经验信息的影响。当视觉对象的形态信息传入大脑后，形成形态感知映像。这时，感觉映像并不是外界毫不相关材料的主观映像，而是从外界环境众多的刺激物中区分出来的视觉对象形态。可见，形态的感知一方面取决于客观刺激物形态间的相互关系，另一方面取决于主体（人）的能动状态（主观感受能力）。

（二）知觉

知觉是一种复杂的心理过程，决定于各种感觉的具体结合和相互作用。知觉是在感觉的基础上对对象和现实的多种多样的特性及特点的反映，是以各种感觉的总和表现出来的。知觉既是对感觉的综合过程，又是综合结果。知觉是设计师获得设计形态的一种最基本、最有效的手段和途径，也是最基本的心理要素。知觉具有选择性、整体性、理解性、恒常性四个特征。

1. 知觉的选择性

知觉的选择性是指在知觉的形成过程中，意识对感性材料会有所选择，总是有意无意地选择少数事物作为知觉的对象，而对于其他事物的反映则较为模糊。例如，图1-2-13所示的画面会因为人们的视角不同，看到的结果也会不同，有的人看是少女，有的人看是老妇人，这种知觉的选择性取决于各种客观因素的吸引和人的主观状态，人的主观状态则表现在对刺激物的需求、情绪、兴趣，以及价值观念和以往的经验的程度上。

2. 知觉的整体性

知觉的整体性在于意识能够把来自不同知觉通道的个别信息，组合成具有结构的映像。图1-2-14所示的正方形、三角形边缘线有间断区域，但是并不影响人们对图形的识别，这说明在对视觉对象进行选择、加工、整理时，已有经验进入知觉过程。

3. 知觉的理解性

知觉的理解性是指人们在知觉事物的过程中，总是根据已有的知觉经验来理解事物。如果一个人没有使用过马克笔，就不会知觉它的用途。图1-2-15中没有完整地画出其图形，但人们通过知觉分析，能够理解画面中孩子和小狗互相追逐的情景。

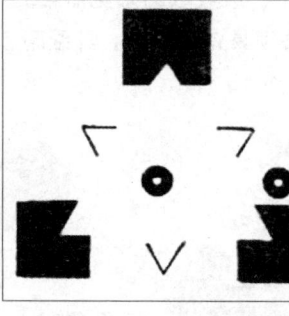

图1-2-13　知觉选择性图例　　图1-2-14　知觉整体性图例　　图1-2-15　知觉理解性图例

4. 知觉的恒常性

知觉的恒常性是指人们在知觉事物的过程中，知觉效果不会因知觉条件的改变而改变，人们仍然能按照对象本身的形态大小、色彩、位置等因素正常形成知觉。

三、形态的视错觉

视错觉，作为心理学领域中的概念，是指人类在观察、感知外界事物时，产生的一种主观上的误解或偏差。它源于人们大脑的处理方式，常常以视觉为基础，并在感知的过程中对所观察的事物进行解读和理解。

视错觉往往涉及人们对空间关系、形状、大小、亮度和颜色等方面的感知。它在每个人的观察与感知中都会存在，无论人们是在欣赏艺术作品、观看电影，还是在日常生活中进行简单的观察。视错觉的产生源于人们大脑的特定的处理方式和信息加工过程，而非外部环境本身。这一点使视错觉成为心理学研究中引人注目的领域之一。

观察和感知是人们理解世界的主要手段之一。人们的大脑会通过处理感官输入的信息来构建对外界的认知和理解。然而，由于感官信息的复杂性，大脑并不总是能够准确地对外界进行解读。相反，人们的感知系统会受到许多因素的影响，例如，过去的经验、文化背景、情感状态等。这种影响可以导致人们对于同一事物的感知产生差异，从而产生视错觉。

错视觉是视图形中的一种特殊现象，是客观图形在特殊视觉环境中引起的视错觉反映。它既不是客观图形的错误，也不是观察者视觉的生理缺陷，任何观察者对同一种错视形的反映几乎都是一样的。错觉的原理引起了心理学家的研究兴趣，经过多年的研究证明，所谓错觉，实际上是正常的肉眼所具有的生理现象，应该把这种现象称为正确的视觉。

在现代科技的推动下，视错觉也得到了更广泛的应用。各种电视、电影特效，虚拟现实技术等，都可以利用视错觉来创造人们更为真实的观感。另外，视错觉在艺术创作中也起到了至关重要的作用。艺术家们通过把握和利用视错觉，可以制造出具有动态感、立体感和错觉感的作品，从而给人们带来不同寻常的观感体验。

然而，视错觉也存在一定的限制与挑战。首先，由于每个人在生理和心理上的差异，视错觉的产生和程度可能存在个体差异。不同的文化背景、教育程度和性别等因素，也会对视错觉产生一定的影响。其次，某些视错觉可能导致严重的感知误差，甚至会影响到人们的行为和决策。这些视错觉可能会在交通事故、图表解读和商业决策等领域产生负面影响。

综上所述，视错觉是人类感官系统中普遍存在的现象，它在人们的观察和感知中发挥着重要的作用。通过深入研究视错觉，我们能更好地了解人类感知的特点和局限性，为认知心理学和神经科学的研究提供更多的发展机遇。视错觉的应用也为科技和艺术领域带来了新的可能性，但也需要认识到视错觉的限制，并在决策和行为中更加谨慎地对待。

1. Miller-Lyer illusion

两根长度相同的线段，若增加不同的附加线，就会产生错视现象。若附加线向外侧发展，就会感到线段变长；相反，若附加线向内发展，就会感到线段变短。如图1-2-16所示，这个错觉以两条平行线段为基础，其中一条线段两端朝外延伸形成一个箭头状，另一条线段两端朝内延伸，以直觉判断，会认为后者更长。然而，实际上，这两条线段的长度是相同的。箭头的形状导致人们的感知系统产生了一种视觉偏差，使人们错误地感知了线段的长度。这个例子揭示了人类视错觉的普遍性和复杂性。

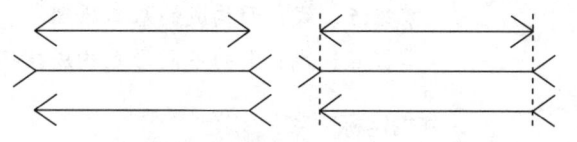

图1-2-16　Miller-Lyer illusion

2. 透视错觉

透视错觉是人们在观察三维物体时，产生的一种视觉上的错误感知。透视错觉使人们产生了一种虚假的感知，使人们认为一些距离人们更远的物体比实际上要小。这是由于人们的视觉系统会根据物体之间的相对位置和大小来判断它们的距离及尺寸，而这些信息可能会被扭曲或误解。长度相等的两条线段，若一根垂直于另一根放置，在视感上有垂直线长于水平线的错觉。这主要是由于眼睛的生理构造引起的。因为眼球上下方向的运动比较迟钝，而左右方向运动比较灵活。当看等长的线段时，眼球上下运动所需要的运动量和时间比左右运动大些、长些，因此，产生了长度的误差，图1-2-17所示。

图1-2-17　透视错觉

项目二　平面构成基本要素

🔍 知识目标

1. 掌握平面构成的基本要素。
2. 认识并掌握点、线、面的概念。
3. 掌握点、线、面构成的基本原理。
4. 掌握点、线、面的不同形式构成技巧。

🔍 能力目标

1. 能够熟练运用点、线、面元素进行视觉构思。
2. 能够熟练分别运用点、线、面进行构成创作。
3. 能够熟练结合点、线、面进行综合元素的设计。
4. 能够结合点、线、面的构成进行拓展创意。

🔍 素质目标

1. 培养学生对平面构成基本要素的理解能力。
2. 提升学生的视觉感受、审美技巧和创作技巧。
3. 提升学生的专业技能与创作拓展经验。

项目二　平面构成基本要素

任务一　点的构成

任务清单

任务名称	任务内容
任务目标	（1）掌握点在构成中的基本概念； （2）掌握点的应用形式； （3）掌握点的绘制技巧
任务要求	准备以下工具及材料： （1）15 cm×15 cm的白色卡纸； （2）针管笔、马克笔若干； （3）铅笔、橡皮、圆规、格尺等辅助工具
任务思考	（1）点的概念在数学上与视觉上有何不同？ （2）点构成的特点有哪些？ （3）点元素都可以使用何种构成形式？
任务计划	请依次绘制以下内容： 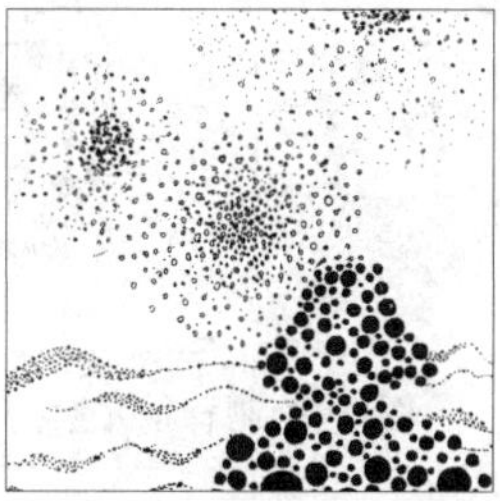 　　　　任务一 　　　　　　　任务二 任务预览
任务实施	任务一： 　（1）在15 cm×15 cm的白色卡纸上进行画面构图，在右下方通过圆点形式进行绘制，通过大小不一的点的描绘，组成女性半身剪影形象，如图1所示。 　（2）使用点的形式，在画面下方绘制出类似波浪的造型作为背景，如图2所示；此处注意在使用点时，把握波浪的形态特征。 　（3）使用圆环点的形式，在画面中心于上方处，绘制类似烟花形态作为背景，如图3所示；此处注意利用点的疏密程度表现烟花形态，完成最终效果。  图1　通过点绘制女性剪影 　　　图2　绘制波浪背景 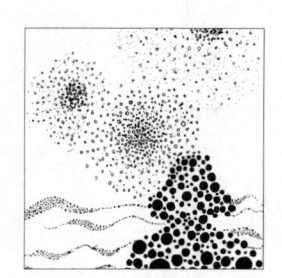　　　图3　完成效果

任务名称	任务内容
任务实施	任务二： （1）在15 cm×15 cm的白色卡纸中，运用点的构成形式绘制耳机图案。先用空心点形态绘制一部分，再用实心点形态绘制另一部分，组成黑白对比的耳机图案，作为画面主体部分，如图4所示。 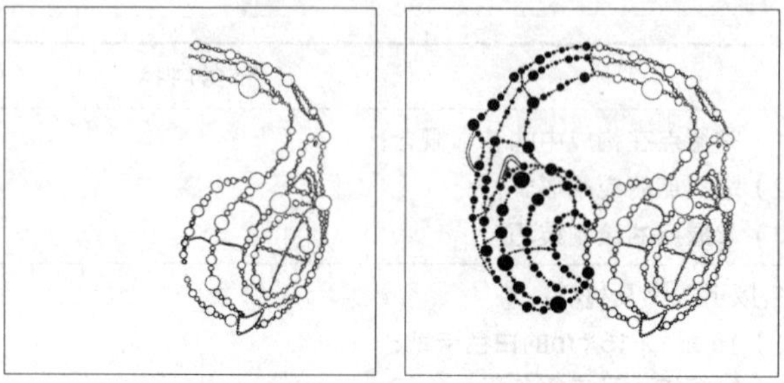 图4　绘制黑白耳机 （2）使用同样的黑白对比形式，绘制大小不一的黑白点，作为背景，如图5所示。 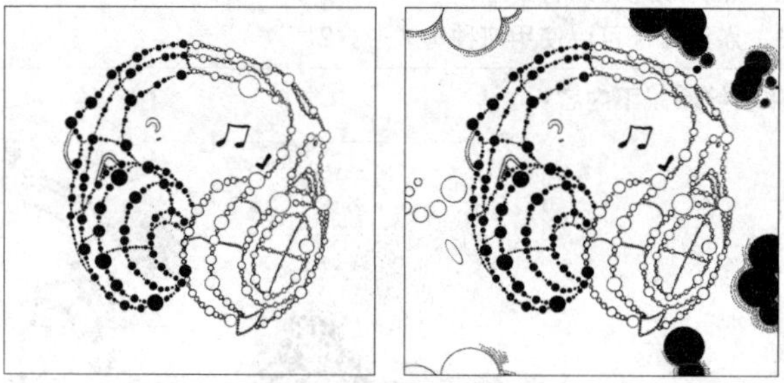 图5　绘制背景元素 （3）为了增加画面元素饱满程度，在余下空白处绘制一些搭配主题的符号元素，如音乐、箭头、音符等，填充画面、增加美感，如图6所示。  图6　完成效果
任务总结	

知识要点

一、点的概念

点即是相对较小的元素，或较小的痕迹，也是最基本的元素单位。在数学上，点为线与线的交叉之处，主要作用为标注位置；但在视觉设计领域中，点的概念被放大，其能表达大小、形态、方向等，同时，点还具有圆点、方点、三角点等形态。点的大小不是固定的，是相对于整体而言的，任何形状只要够小，都可以称为"点"。越小的点感觉越强烈，而越大的点越容易被看作面。

正是因为在视觉中点的概念被放大，为设计效果提供了无限种可能。从大小而言，点的面积越小，视觉感受越强烈；面积越大，视觉感受越平缓（图2-1-1）；从位置而言，点的不同位置会影响画面的视觉平衡（图2-1-2）；从形态而言，点的不同形状会给人以不同的心理感受（图2-1-3）。

在视觉设计中，点的主要作用为吸引观众的视线，也是画面的力的中心与视觉中心。当画面中加入点元素时，会产生聚集效果，点元素越多，被分布得越平均，此时，可利用点的大小形成区别。相较于线与面，点元素在构成设计中具有独特的效果，若想在画面中增加视觉中心，或当画面中存在空白想要填充画面时，往往会采用点进行绘制（图2-1-4）。

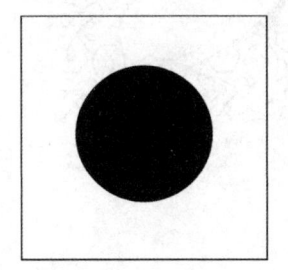

图2-1-1 点的不同大小

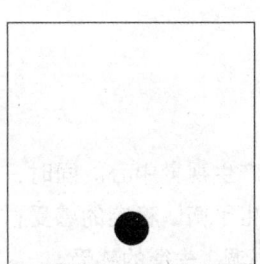

图2-1-2 点的不同位置

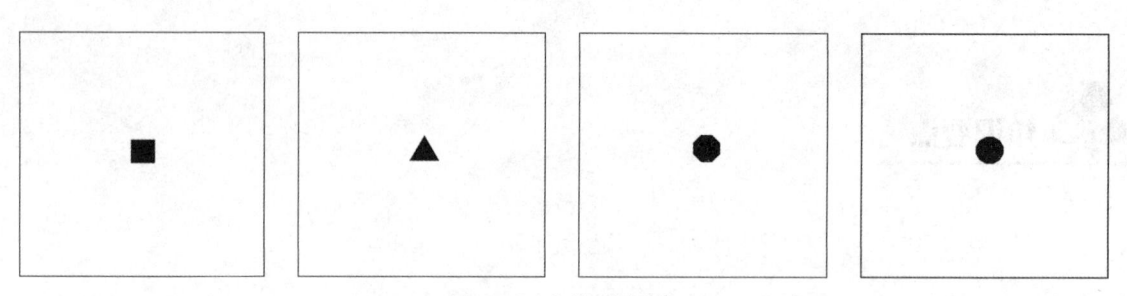

图2-1-3　点的不同形状

图2-1-4　使用点元素的海报设计

二、点的构成形式

1. 单点构成

单一的点在画面中具有集中视线的作用，容易产生视觉中心。同时，单一点在画面中的位置不同，给人的视觉感受也不同。点在画面中心，会产生平衡、稳定的感受；点在画面上方或下方，会产生下落或上升的感受；点在画面边缘，会产生不协调、失衡的感受。

在构成设计中，单点构成并不是指画面中必须只有一个点，在画面中存在少量的、体积大小相似的点，都符合单点构成的特性。单点构成的特征通常为画面简约、突出主题、结构性强（图2-1-5）。

2. 多点构成

不同大小、形状的点，通过疏密的混合式排列组成画面构成，可称为多点构成。相较于单点，多点构成更复杂，给人的视觉感受也更为丰富，在设计构成中也更为频繁地被应用。

多点由于点的数量与形式增加，使画面产生更为生动、韵律的感受，画面层次通常也更多。多点构成的特征通常为偏向灵动的感受，通过不同类型点元素的分布，画面整体的变化性与视觉对比更加明显（图2-1-6）。

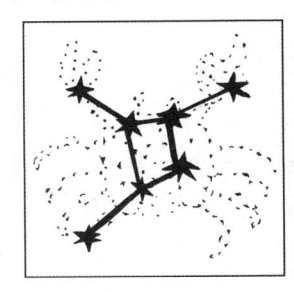

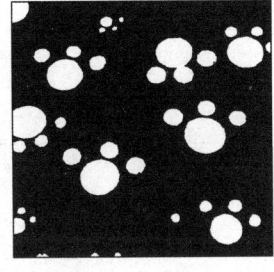

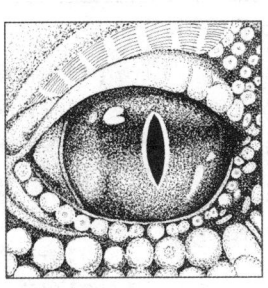

图2-1-5 单点构成　　　　　　　　　　　　　图2-1-6 多点构成

3. 点的线化构成与面化构成

将大小一致或由大到小或由小到大的点，按照一定轨迹进行密集或渐变式排列的设计，给人在视觉产生由点的移动而生成线的感觉，点与点之间的距离越紧密，延伸的距离越远，这种感觉就会越强烈。

聚点成线，聚线成面，点能产生线化的视觉构成，同理，也可产生面化的视觉构成。点的体积增大到一定程度即成为面，同时，通过不同的聚集方式，在视觉上也可成面，产生画面的体积感（图2-1-7）。

4. 点的虚化构成

在画面中，点元素并不一定要通过实体点来表现，通过位置、留白、色彩、明暗等对比方式同样也可制造出点的视觉效果，这种方式在一定程度上利用了人们的视错觉心里，从而绘制出令人意想不到的画面（图2-1-8）。

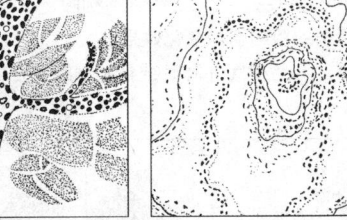

图2-1-7 点的线化与面化构成　　　　　　　　图2-1-8 点的虚化构成

任务二　线的构成

任务清单

任务名称	任务内容
任务目标	（1）掌握线在构成中的基本概念； （2）掌握线的应用形式； （3）掌握线的绘制技巧
任务要求	准备以下工具及材料： （1）15 cm×15 cm的白色卡纸； （2）针管笔、马克笔若干； （3）铅笔、橡皮、圆规、格尺等辅助工具
任务思考	（1）线元素的特性是什么？ （2）相较于其他构成，线构成的视觉特点是什么？ （3）线元素都可以使用何种构成形式？
任务计划	请依次绘制以下内容： 任务一　　　　　　　任务二 任务预览
任务实施	任务一： （1）在15 cm×15 cm的白色卡纸上进行画面构图，在画面偏上处，利用竖线绘制出山峦的形象，如图1所示。其中可利用线条的粗细增加变化效果。 （2）使用同样的方法，利用横线并同时结合粗细线条在山峦下方绘制出类似湖面倒影的形状，如图2所示。 图1　绘制山峦　　　　图2　绘制倒影

续表

任务名称	任务内容
任务实施	（3）为了使画面效果更为丰富，可添加其他元素。在下面倒影位置绘制竹船形象，并利用线条的排列，来增加水面的效果。在山峦上方通过横线绘制出太阳的形状，并使用自由线条绘制飞鸟，如图3所示。 （4）在画面右上角空白处添加树枝，以此来增加画面的纵深感，最终效果如图4所示。 图3　增加其他元素 　　　　图4　完成效果 任务二： （1）在15 cm×15 cm的白色卡纸中央处通过线条绘制舞蹈者的剪影，如图5所示。此处对人物的头发、脸部、左右肢体，通过不同方向、不同长短的线条进行有序排列，即可绘制出线条构成效果。 （2）使用从画面左上至右下的方向，依次排列绘制等距离的线条，以完成人物裙摆的形状，如图6所示。使用此方向还有一个原因，就是能够更好地表现主体人物舞蹈向右下方向的态势，使画面更加生动。  图5　舞蹈者剪影 　　　　图6　舞蹈者裙摆 （3）以画面中心点，也就是主体人物腰部位置为中心，向四周边缘进行线条绘制，同时，利用长短、粗细不同的形状增加丰富程度，如图7所示。这样绘制的目的，是在填充背景的同时能够突出主体。 （4）将画面的四角部分结合一些曲线进行涂黑，增加画面对比效果与灵动性，最终完成效果如图8所示。

续表

任务名称	任务内容
任务实施	图7 绘制背景　　　图8 完成效果
任务总结	

知识要点

一、线的概念

线可以理解为点的运动轨迹，线元素主要强调的信息是长度、宽度和方向，赋予了线在视觉上的多样性。在平面构成设计中，线是必不可少的重要元素，有引导视线、画面工整、制造速度与灵动感等作用。每一种线都有它自己独特的个性与情感存在，所以，在构成设计中需要根据线的性格去绘制，这样才能发挥出线的效果。

从形态来看，线可分为直线与曲线，直线具有男性特征，理性、沉稳，具有力量感，主要包含水平线、垂直线、斜线。水平线能制造安静、平和的感觉；垂直线能制造挺拔、威严、崇高的感觉；斜线能制造活泼、飞跃、动感的感觉。曲线则具有女性特征，柔软、优雅、温顺、柔和，主要包含规律性曲线与非规律性曲线。规律性曲线能制造流畅、规整、优雅的感觉；非规律性曲线则能制造舒缓、放松、活力的感觉。

不同线条的元素海报设计如图2-2-1～图2-2-4所示。

图2-2-1　水平线元素海报设计

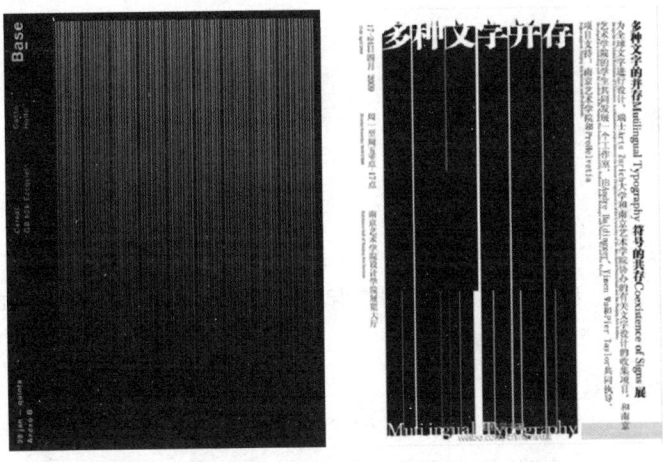

图2-2-2　垂直线元素海报设计

图2-2-3　斜线元素海报设计

图2-2-4　曲线元素海报设计

二、线的构成形式

1. 规则线的排列构成

将等长、等宽或是规律变化性的线条按照一定的规则形式进行排列,这种构成形式极具秩序感,当画面整体元素多而杂乱时,规则线条可以起到约束的作用,可以把画面串联成有次序的视觉元素,如图2-2-5所示。

2. 不规则线的排列构成

与规则线所对应,不规则线条在画面的排列没有一定的秩序,通常以曲线为主。不规则线会使画面较为凌乱、活跃,但乱也能够制造一种视觉美感,如图2-2-6所示。

图2-2-5 规则线的排列构成

图2-2-6 不规则线的排列构成

3. 线的面化构成

与点的线化构成相同,对线元素进行等距离的密集排列,就会形成面的视觉感受,线越密集,感受越强烈。线的面化构成能够增加画面的层次感,使构成形式更加丰富,如图2-2-7所示。

图2-2-7 线的面化构成

任务三　面的构成

任务清单

任务名称	任务内容
任务目标	（1）掌握面在构成中的基本概念； （2）掌握面的应用形式； （3）掌握面的绘制技巧
任务要求	准备以下工具及材料： （1）15 cm×15 cm的白色卡纸； （2）针管笔、马克笔若干； （3）铅笔、橡皮、圆规、格尺等辅助工具
任务思考	（1）面元素的特点是什么？ （2）相较于其他构成，面构成的视觉特点是什么？ （3）面元素构成形式是什么？
任务计划	请依次绘制完成以下内容： 任务一　　　　　　任务二 任务预览
任务实施	任务一： 　　（1）在15 cm×15 cm的白色卡纸上进行画面构图，在上半部分通过绘制不同大小三角形的方式，拼接成弯月的形态，如图1所示。此处注意三角形面之间留出的距离，保证弯月形态中的"白边"，以增加图形的美感。 图1　三角形拼接弯月形态

续表

任务名称	任务内容
任务实施	（2）在弯月下方绘制海平面形态，涂黑海面与白背景形成对比，增强画面对比效果，同时，在涂黑的海面处适当留白，表达弯月倒影与浪花的形态，完成效果如图2所示。  图2　绘制海面完成效果 任务二： 　　（1）在15 cm×15 cm的白色卡纸中央部分，绘制出五角星形状，同样，使用面的切割方法绘制出拼接效果，在五角星的五个方向绘制四边形形状，与五角星共同组成五边形的效果，如图3所示。 　　（2）使用同样方法在已绘制完的五边形的其中一个方向再绘制一个组合五边形，注意最终的视觉效果对比呈适当压缩形态，如图4所示。  图3　通过五角星绘制五边形的切割效果 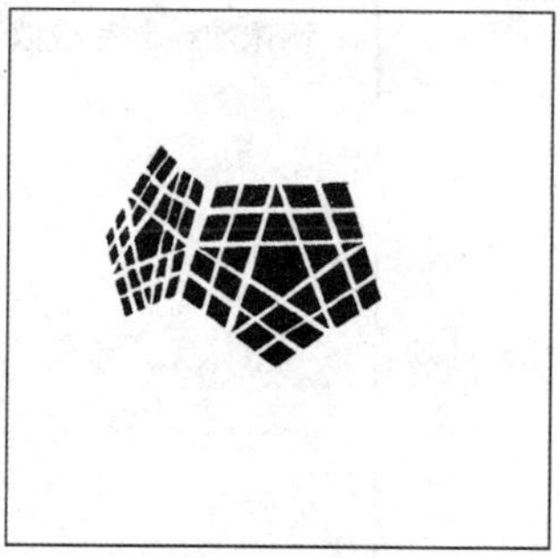　　　　图4　绘制缩小形态的五边形 　　（3）依次围绕中央的五边形进行绘制，最终形成一个视觉上立体的五边体的效果，如图5所示。 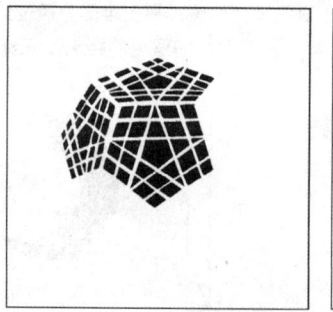 图5　形成立体造型效果

任务名称	任务内容
任务实施	（4）绘制排列规则的黑白色块作为背景，完成最终效果，如图6所示。 图6　完成效果
任务总结	

知识要点

一、面的概念

面可以看作线连续移动而形成的轨迹，具有明显的长度与宽度，强调面积与形状。面具有相对完整、明显的轮廓，是平面构成中相对较大的元素。与点、线相比，面更具有体积感，在空间上占有的面积更大，因此，视觉冲击更为强烈。

面既可以是有形的，如图形、文字任何一种形态，也可以是虚无的，画面空白，图形间隙都可成为面。面的大小、虚实、空间、位置等不同因素都会让人产生不同的视觉感受。

以面为元素的海报设计如图2-3-1所示。

图2-3-1　以面为元素的海报设计

二、面的构成形式

1. 几何形面构成

几何形的面是有规律的鲜明形态,通常借助工具完成,表现为规则、理性的视觉效果。其中,直线面为直线构成的面,轮廓具有明显的规律性,如矩形、三角形、多边形等。直线面与直线有着相同的视觉特征,如锐利、剪影、稳定,构成后的画面稳重、严谨、大方,其缺点是灵活度较低,使用不当会显得呆板,形式感不足。

曲线面为曲线边构成的面,如圆形、椭圆形等,与曲线有着相同的视觉特征,给人随意、舒适、柔美的视觉感受。圆形给人以饱满、完整、柔和的感受,使用圆形容易形成视觉聚焦,吸引注意力。

几何面构成如图2-3-2所示。

图2-3-2 几何形面构成

2. 自由形面构成

自由形的面是指无规律、复杂多变、不可复制、偶然形成的形状,它给人以更为生动、优美的视觉效果。与几何形的面相比,自由形面更为生动,富有想象力,也更具个性,更具有女性特征,不容易产生呆板、枯燥的感觉。

自由形面的轮廓形式多种多样,运用在设计构成中非常考验想象力。其优点是可自由发挥,设计的空间大;其缺点是操作难度高,较难把控。

自由形面构成如图2-3-3所示。

图2-3-3 自由形面构成

3. 虚实面构成

实面即通过绘制产生的面，在平面构成中，实面在视觉上通常具有较为明显、完整的感觉，为强烈并具力量感的形态。虚面则多为留白处，容易产生模糊感，给人以延伸的想象。

虚实面构成如图2-3-4所示。

图2-3-4　虚实面构成

课后习题

1.理解点、线、面元素的构成，并尝试临摹以下集合了点、线、面元素的综合构成作品（习题1图）。尺寸为15 cm×15 cm。

习题1图　点、线、面综合构成

2.应用点、线、面元素，以设计构成的形式设计一张主题为"中国梦"的海报，尺寸要求为A4（21 cm×29.7 cm）。

项目三　平面构成类型

🔍 知识目标

1. 认识基本形、骨骼，并熟练创作各类骨骼形式。
2. 掌握平面构成的设计法则及设计技巧。
3. 掌握构成的形式美法则。
4. 掌握平面构成综合应用技法。

🔍 能力目标

1. 能够熟练运用不同基本形及骨骼形式进行画面设计。
2. 能够熟练应用平面构成的设计法则及设计方法完成艺术创作。
3. 能够结合形式美法则进行拓展创意。

🔍 素质目标

1. 培养学生对平面构成基本类型的理解能力。
2. 提升学生的审美能力及创作技巧。
3. 培养学生运用表现技法完成综合应用的能力。

任务一 平面构成元素

任务清单

任务名称	任务内容
任务目标	（1）掌握基本形的造型方法、骨骼形式； （2）掌握基本形构成的类型和设计技巧； （3）掌握基本形纳入骨骼的各种组合形式
任务要求	准备以下工具及材料： （1）15 cm×15 cm的白色卡纸； （2）针管笔、马克笔若干； （3）铅笔、橡皮、圆规、格尺等辅助工具
任务思考	（1）形与形的关系有哪些？ （2）基本形的组合技巧有哪些？ （3）骨骼的分类有哪些？
任务计划	请依次绘制完以下内容： 任务一　　　　　任务二 任务预览
任务实施	任务一： （1）在15 cm×15 cm的白色卡纸上进行画面构图，在左上角绘制半圆形，通过旋转半圆的形式，组成类似风车造型，如图1所示。 （2）为线描造型填充黑色，如图2所示。 图1　绘制基本形　　图2　填充图形为黑色

任务名称	任务内容
任务实施	（3）基本形采用相切的构成形式，按照规律性骨骼排列，使画面有强烈的秩序感，如图3所示。完成最终效果如图4所示。 图3　规律性骨骼　　　图4　最终效果 任务二： （1）在15 cm×15 cm的白色卡纸上进行画面构图，在左上角绘制半圆形，通过旋转半圆的形式，组成类似风车的造型，如图5所示。 （2）为线描以外背景区域填充黑色，如图6所示。 图5　绘制基本形　　图6　将背景填充为黑色 （3）采用同样的相切构图形式，绘制相邻图形，并为基本形填充白色，完成如图7所示效果。 （4）按照规律性骨骼排列，如图8所示，完成最终效果。 图7　绘制背景元素　　图8　完成最终效果
任务总结	

知识要点

一、基本形

（一）基本形的概念

基本形是指构成画面的基础单元图形。任何一幅复杂的画面都可以分解为点、线、面的组合构成。基本形就好比是由点、线、面组成的分子，之后再组合构成复杂画面。

基本形是构成复合形象的基本单位，它既具有独立性，又具有连续、反复的特性。在构成设计中，基本形的特点应该是单纯、简化的，这样，才能使构成形态产生整体而有秩序的统一感，如图3-1-1所示。

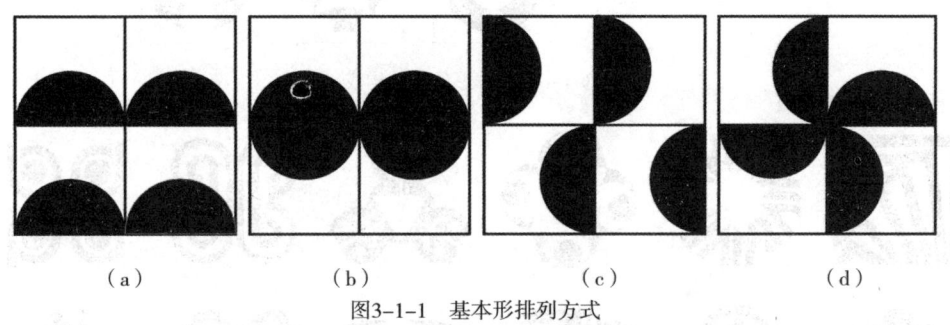

（a）　　　　　（b）　　　　　（c）　　　　　（d）

图3-1-1　基本形排列方式

（a）同一方向；（b）对立方向；（c）反转方向；（d）旋转方向

（二）基本形的构成方法

1. 基本形的分割构成

基本形的分割构成可以对圆形进行分割、重新排列组合，形成有趣味性的新图形，这种方法适用于各种基本形的设计。

分割构成是相对比较简单的设计手法，还可以在分割法的基础上进一步深入，采用变形、添加的手法来丰富单一的圆形，再次对其进行分割、重新排列组合，形成新的图形，如图3-1-2所示。

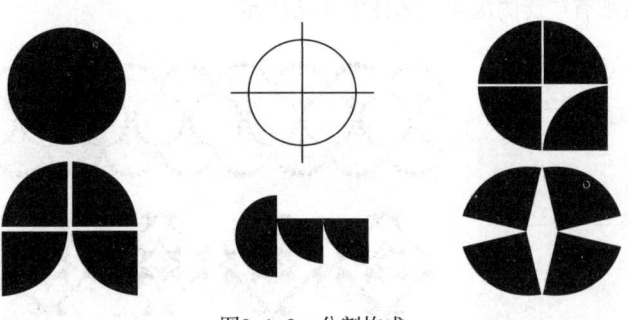

图3-1-2　分割构成

2. 基本形的群化构成

群化构成是以基本形为单位的一种以组合形式来产生各种新形象的特殊表现形式。群化构成是基本形的重复构成，要求形与形之间组合紧凑、严密，图形设计完整、美观，还应注意组合后的平衡和稳定感。组合时，基本形之间应该具有共同的目的性和明确的方向感，如基本形的围绕、指向，具体可采用基本形的平行排列、旋转排列、对称排列、放射排列等做法，如图3-1-3所示为基本形的群化构成，图3-1-4所示为基本形的各种排列组合。

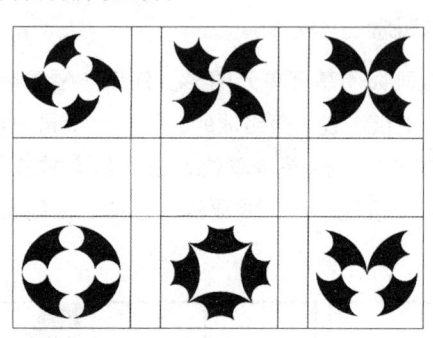

图3-1-3　基本形的群化构成

图3-1-4　基本形的各种排列组合

3. 基本形的衍生构成

基本形的衍生构成是设计中的一种重要手法。它涉及通过一种或多种基本形进行有规律的复制、衍生和变化，从而创造出复杂而富有变化的设计图案或图形。这种构成方式在平面设计、建筑设计、室内设计等领域都有广泛的应用，如图3-1-5所示。

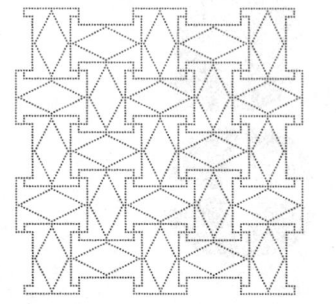

图3-1-5　基本形的衍生构成

（三）基本形的组合

在平面中往往不会只出现一个基本形，通常是多个基本形同时存在于一个平面。因此，当两个或更多的基本形相遇时，就可以产生多种不同的组合关系。这些关系又可以使原本单调、平淡的形象变得丰富起来。

基本形的组合方法有分离、相切、覆叠、透叠、结合、减缺、差叠和重叠。

1. 分离

分离是指面与面之间分开，保持一定的距离，在平面空间中呈现各自的形态，空间与面形成了相互制约的关系，如图3-1-6所示。

2. 相切

相切是指面与面的轮廓线只有一点相接触，并由此而形成新的形状，使平面空间中的形状变得既丰富又复杂，如图3-1-7所示。

3. 覆叠

覆叠是指一个面覆盖在另一个面上，通过覆盖和叠加的形式进行组合，图形之间有前后或上下的层次感，如图3-1-8所示。

4. 透叠

透叠是指面与面相互交错重叠，重叠处形成了新的图形，从而使形象变得丰富，富有秩序感，如图3-1-9所示。

5. 结合

结合也称"联合"，是指面与面相互交错重叠，在同一平面层次上，使面与面相互结合，组成面积较大的新形状，它会使空间中的形状变得整体而含糊，如图3-1-10所示。

图3-1-6 分离　　图3-1-7 相切　　图3-1-8 覆叠　　图3-1-9 透叠　　图3-1-10 结合

6. 减缺

减缺是指一个面的一部分被另一个面覆盖，两形相减，保留了覆盖在上面的形状和被覆盖后的另一个形状留下的剩余形状，产生一个意料之外的新形状，如图3-1-11所示。

7. 差叠

差叠是指面与面相互交叠，交叠后会产生的新的形状，在平面空间中可只呈现产生的新形状，也可让3个形状并存，如图3-1-12所示。

8. 重叠

重叠是指相同的两个面，一个覆盖在另一个之上，形成合二为一的完全重合的形状。这种方法在形状构成上已不具有意义，如图3-1-13所示。

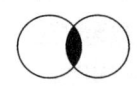

图3-1-11 减缺　　图3-1-12 差叠　　图3-1-13 重叠

基本形在设计中的应用非常广泛，是构成设计作品的基础元素之一。通过灵活运用基本形，可以创造出丰富多样的视觉效果和个性风格，满足不同的设计需求，如图3-1-14、图3-1-15所示。

图3-1-14　基本形组合在标志设计上的应用

图3-1-15　基本形组合在包装设计上的应用

二、"图"与"底"

形象与空间是不可分割的两个部分，通常把形象称为"图"，把其周围的空间称为"底"。有时也把"图"称为正形，"底"称为负形。在平面空间中，"图"与"底"是共存的，而且总是相互陪衬着的。

一般情况下，具有前进性且在视觉上具有凝聚力的，被称为"图"；相反，起陪衬作用的、具有后退感的、依赖图而存在的，称为"底"。

"图"与"底"两者的关系是既相互依存，又相互作用，有时两者可以进行互换。因此，在设计时一定要统筹兼顾，充分利用"图"与"底"的变化关系，以便获得完美有趣的视觉效果。

要使"图"与"底"关系明确，在设计时，要注意把握以下特点。

（1）被封闭的形，容易看作"图"。

（2）在相同条件下，面积较小的形，容易成为"图"。

（3）统一规整的形比零散的形，容易成为"图"。

（4）凸起的形比凹陷的形，容易成为"图"。

（5）动的形比静的形，容易成为"图"。

（6）形的内部质地密度相对大的形，容易成为"图"。

（7）根据视觉经验常常引发联想的形，容易成为"图"。

（8）明暗或色彩对比度强的形，容易成为"图"。

有时候"图"与"底"的特征十分相似，不容易区别，就产生了"图"与"底"互换的现象，可以互换的构图形式称为暧昧图形。按照形态和结构特点，暧昧图形可分为以下三种类型。

（1）"图"与"底"等量等形，而且相互包围，如图3-1-16所示。

图3-1-16　"图"与"底"等量等形（来源：网络）

（2）"图"与"底"等量但不等形，而且都是容易产生联想的具象形，如图3-1-17所示。

图3-1-17　"图"与"底"等量但不等形（来源：网络）

（3）"图"与"底"等量但不等形，边缘错位，联合起来才能形成一个完整形，如图3-1-18所示。

图3-1-18　"图"与"底"等量但不等形，边缘错位（来源：网络）

在暧昧图形的设计方面，荷兰版画家埃舍尔的许多作品堪称典范，他把数学的、理智的思维注入浪漫的造型艺术中，借助对特殊骨骼线的编排，创造了大量优秀的暧昧图形作品，如图3-1-19、图3-1-20所示。

图3-1-19　荷兰版画家埃舍尔作品

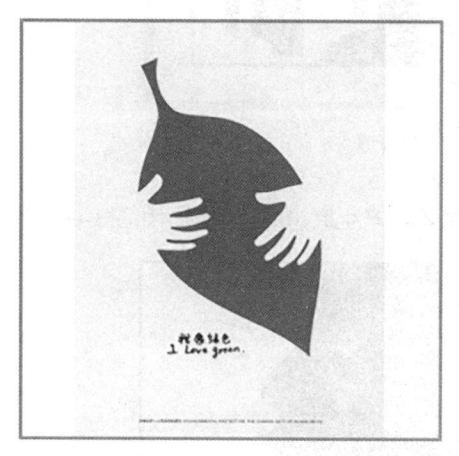

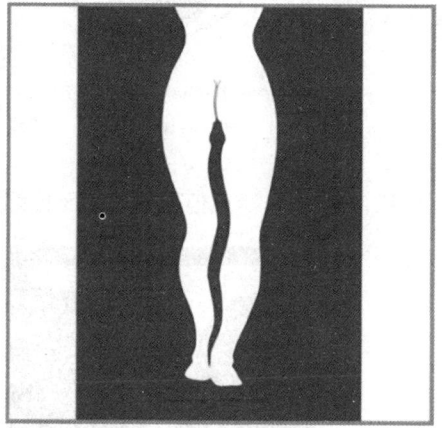

图3-1-20　运用"图"与"底"暧昧关系设计的海报招贴设计

三、骨骼

（一）骨骼的概念

任何平面设计都是依照一定的规律将基本形进行编排组合构成的，这种管辖形象的方式就称为骨骼。骨骼是由骨骼框架、骨骼单位、骨骼点和骨骼线组合而成的。

骨骼框架是指画面的边框，它可以是各种几何形。骨骼线是指骨骼框架内的各种线段，如直线、弧线、折线等，一般情况下都是有规则的。骨骼线在框架内的各种交叉点或相接点就是骨骼点。骨骼线与骨骼点的共同作用将画面空间分割成多个小的画面空间，称为骨骼单位。骨骼管辖基本形的编排与组合，基本形则丰富和充实骨骼形象的设计，骨骼与基本形互相依存，如图3-1-21所示。

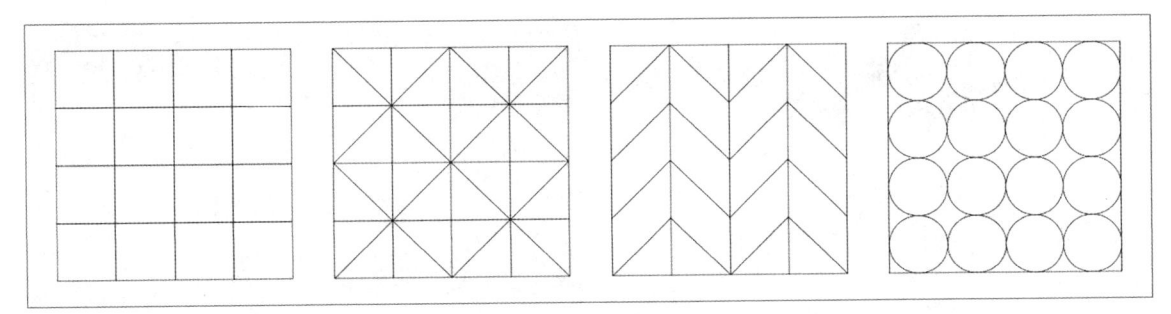

图3-1-21 常见的骨骼框架

（二）骨骼在平面构成中的作用

（1）固定基本形的位置，使基本形与基本形之间保持一定的顺序和必要的联系。

（2）骨骼线将框架空间划分为大小和形状相同或不同的骨骼单位，以便构成设计的整体。骨骼有助于在画面中排列基本形，使画面形成有规律、有秩序的构成。骨骼支配着构成单元的排列方法，可决定每个组成单位的距离和空间。

（三）骨骼的基本类型

1. 规律性骨骼和非规律性骨骼

（1）规律性骨骼有精确、严谨的骨骼线，使基本形按照骨骼排列，有强烈的秩序感。规律性骨骼在平面构成中应用较多，主要有重复、渐变、发射等。其骨骼线一般采取正方形格式，便于基本形方向的变换，也可用长方形、斜向、水平错位、波形曲线等格式，如图3-1-22~图3-1-24所示。

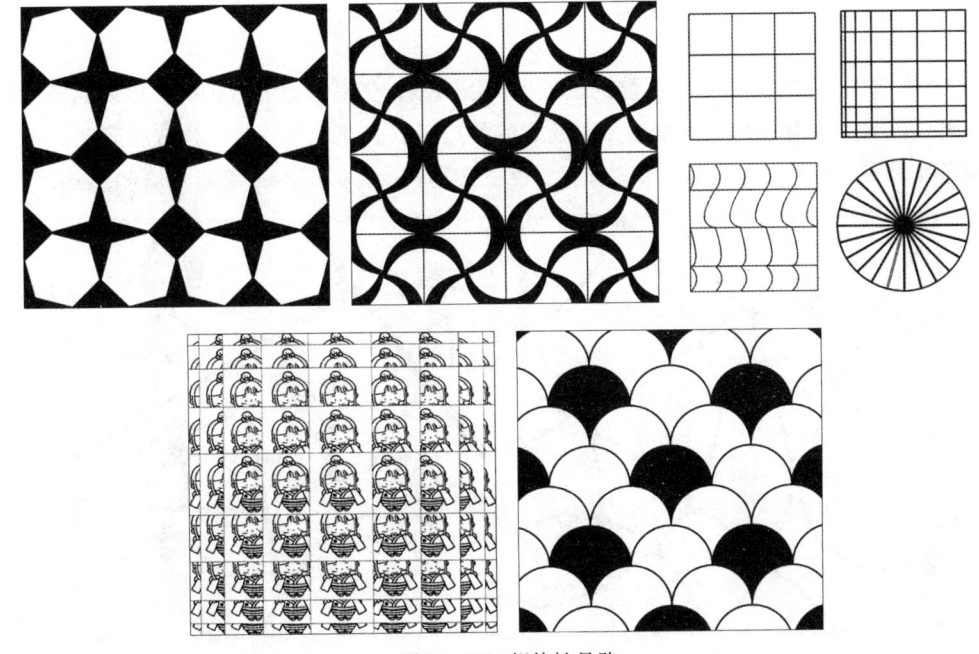

图3-1-22 规律性骨骼

图3-1-23 室内设计中的规律性骨骼

图3-1-24 自然界中的规律性骨骼

（2）非规律性骨骼是在规律性骨骼的基础上加以变动，使其成为无规则的、自由的多边形。基本形单元通过无规律性骨骼形成比较自由、随意的构成形式。非规律性骨骼构成应简洁，否则构成就会显得杂乱无章。在平面构成中，非规律性骨骼的应用较少，如图3-1-25、图3-1-26所示。

图3-1-25 非规律性骨骼

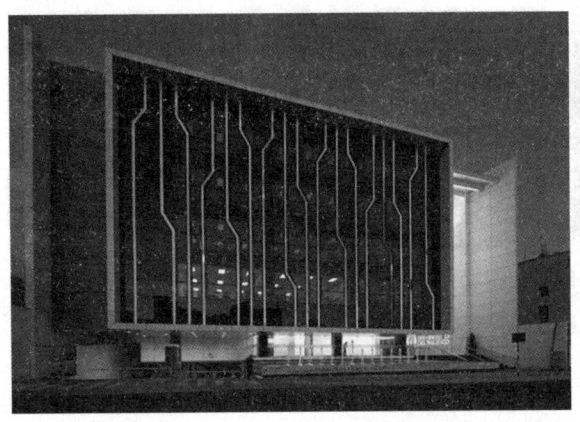

图3-1-26 建筑外墙非规律性骨骼

2. 作用性骨骼和非作用性骨骼

当基本形纳入骨骼时，骨骼呈现出两种状态，即作用性骨骼和非作用性骨骼。

（1）作用性骨骼是使基本形彼此分成各自单位的界线。骨骼给基本形准确的空间，每个单元基本形控制在骨骼线内。基本形可在骨骼组成的空间中进行位置、方向、正负的变化。如果超出骨骼线，则超出的部分需切除。骨骼线不一定都显现，可作灵活取舍，使基本形彼此联合，产生丰富的变化，如图3-1-27所示。

（2）非作用性骨骼的基本形单元安排在骨骼线的交叉点上，基本形可以进行大小、方向的变化并产生形的连接，当基本形构成完成后，再将骨骼线去掉。非作用性骨骼主要靠基本形的大小不同，形成疏密关系的变化，使画面呈现出较强的韵律感。非作用性骨骼是概念性的，它有助于基本形的排列组织，如图3-1-28所示。

图3-1-27 作用性骨骼　　　　　　　　　图3-1-28 非作用性骨骼

以上两种骨骼形态的区别如下。

①作用性骨骼给基本形以固定的空间；非作用性骨骼给基本形以固定的位置。

②作用性骨骼中的基本形可以在骨骼单位内上、下、左、右移动，也可以移动至超出骨骼线；非作用性骨骼中的基本形不能进行位置移动，但基本形可以任意加大或缩小，造成基本形相连。

③在作用性骨骼中的基本形有正负黑白变化，可以产生"图底反转"的效果；非作用性骨骼中的基本形无正负黑白变化。

运用作用性骨骼编排的设计作品如图3-1-29所示。

图3-1-29　运用作用性骨骼编排的设计作品

任务二　平面构成的设计法则

任务清单

任务名称	任务内容
任务目标	（1）掌握各种构成法则的基本原理； （2）掌握构成法则的基本设计方法和技巧； （3）掌握构成法则之间的关系和综合应用技法
任务要求	准备以下工具及材料： （1）15 cm×15 cm的白色卡纸； （2）针管笔、马克笔若干； （3）铅笔、橡皮、圆规、格尺等辅助工具
任务思考	（1）平面构成法则有哪些？ （2）构成法则之间的关系和设计技巧是什么？
任务计划	请绘制以下图形： 重复构成

续表

任务名称	任务内容
任务实施	（1）在15 cm×15 cm的白色卡纸上进行画面构图，在白色卡纸中偏左上处，通过三角形及圆形，绘制一个鱼的抽象图形，如图1所示。 （2）为线描造型填充黑色，如图2所示。 （3）采用重复构成形式，以一个基本单形为主体，在基本格式内重复排列，排列时作方向及位置的变化，具有很强的形式美感，最终效果如图3所示。 图1 抽象图形　　图2 填色图形　　图3 重复构成完成效果
拓展任务	请绘制以下内容（图4～图11）： 图4 近似构成　　图5 渐变构成　　图6 特异构成 图7 对比构成　　图8 聚散构成　　图9 发射构成 图10 空间构成　　图11 肌理构成
任务总结	

一、重复构成

重复是一种非常常见的视觉形式，也是很多自然物、人造物的存在方式。

自然物中，鱼鳞、树叶、花瓣，以及动植物内部的组织结构，都存在重复的现象，矿石等无机物内部的分子结构也表现为重复的形式。

人造物中，重复的现象被标准化、统一化。摩天大楼的窗户、屋顶的瓦片、纺织品的结构和花纹，以及各种工业和家用产品中，都不难发现重复的形式。工业化大批量生产、标准化流水线操作，势必强化重复的形式和格局。大量的印刷品更是在重复统一的信息和传达形式。

很多现代商业广告也是以重复为宣传手段，例如，在电视中反复播出的同一个广告，在写字楼内不断出现的楼宇广告，以及在公交车站台重复出现的广告宣传画等，这些都是以重复宣传为手段来实现较好的广告效应。

重复排列是一种常用的构成方法。重复可以使画面达到和谐、统一的视觉效果，并能加深人的印象，也可以展现一种有规律的节奏感和形式美感。

如图3-2-1所示的报纸广告，该广告中最醒目的就是五个重复排列的基本形"@"，由于排列时基本形之间又有少部分重叠，更加强化了相互之间的有机联系，很好地形成了一个整体。画面在重复中统一，强调了主题，强化了视觉印象，达到了广告宣传的作用。

如图3-2-2所示的云南大理白族手工扎染棉布，扎染是云南大理白族人民传统的手工工艺制品，是根据大理的一些民间图案，采用纯植物染制成的艺术化和抽象化的手工工艺品。其不仅材料纯天然，而且美观并富有民族特色。这件作品的图案由虚、实两种不同的基本形重复组成，它们隔行重复排列，既整齐有序，又宁静平和，营造出一种古朴素雅的民族气息。

如图3-2-3所示的建筑物窗体，该建筑物窗体的基本形是一个镂空六边形几何图形，它按照同一规律在重复骨骼的编排下不断重复，弱化了个体特征，强化了整体效果。线条流畅而准确，层次丰富而含蓄，通过不断重复的方式，建筑物更加宏伟雄壮，充满节奏的美感。

图3-2-1 报纸广告

图3-2-2 云南大理白族手工扎染棉布　　　　　图3-2-3 建筑物窗体

1. 重复构成的概念

重复构成形式源自生活中的重复现象，如秦始皇陵中的兵马俑、建筑中重复排列的窗子、地面的瓷砖等。

重复构成形式以一个基本单形为主体，在基本格式内重复排列，排列时可作方向、位置的变化，具有很强的形式美感。

重复构成的视觉形象秩序化、整齐化，可以呈现出和谐、统一、富有整体感的视觉效果。重复构成是设计中常用的手法，可以加强视觉印象，使画面统一，形成有规律的节奏感。

重复构成包括简单重复构成和多元重复构成，如图3-2-4所示。

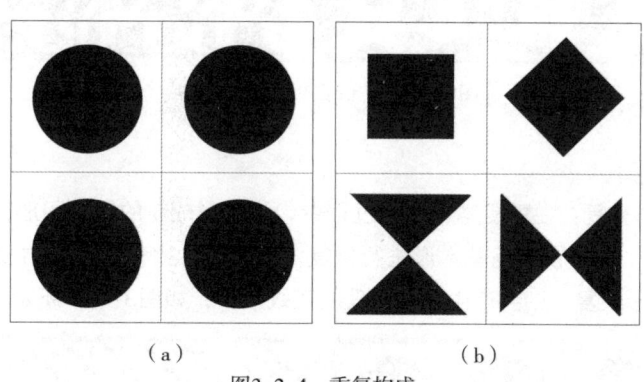

（a）　　　　　　　　　　　（b）
图3-2-4 重复构成
（a）简单重复构成；（b）多元重复构成

（1）简单重复构成是指基本形始终不变，反复使用的构成形式。

（2）多元重复构成是指基本形的方向、大小、位置等发生变化，即在基本形的格线内运用点、线、面进行分割、重复、联合等不同的组合方法来构成。

2. 重复构成的特点

（1）基本形在重复中，可以与相邻骨骼的邻边或邻角基本形构成新的组合图形，即所谓的"借形补形"，如图3-2-5所示。

图3-2-5 "借形补形"重复构成

（2）基本形在重复构成中，可以与相邻骨骼的"底"构成新的组合图形，即"借底补形"，如图3-2-6所示。

图3-2-6 "借底补形"重复构成

3. 重复构成的分类

（1）单纯数量的重复：在重复基本形的过程中，没有形成新的组合图形，只是数量上的重复。这种重复构成方法中，形态较大的基本形进行重复，可以产生整体构成的力度，营造一种恢宏的气势；细小密集的基本形重复，则会产生形态肌理的底纹效果，如图3-2-7所示。

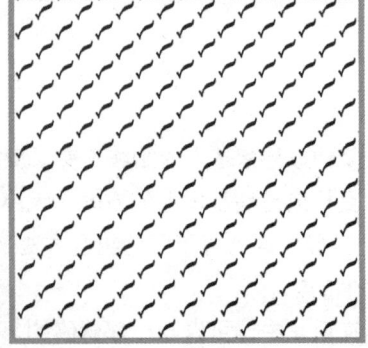

图3-2-7 单纯数量的重复构成

（2）有规律的重复：基本形重复时，可在方向、位置或颜色上按照一定规律来变化，在重复中形成新的图形效果，画面富于变化而又不失统一。基本形重复时，也可以没有任何变化，只是利用"借形补形"或"借底补形"的重复，形成井然有序的新形态，如图3-2-8、图3-2-9所示。

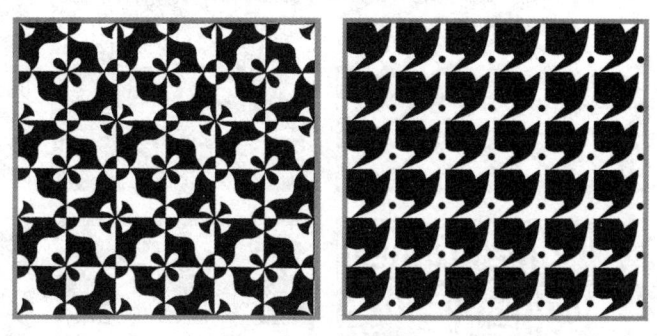

图3-2-8　有规律的重复构成

图3-2-9　有规律的重复在设计中的应用

（3）无规律的重复：基本形在重复时无规律地进行排列，会有许多意外效果的产生，从而达到一种变幻莫测的美感，如图3-2-10所示。

图3-2-10　无规律的重复构成

重复构成样例参考如图3-2-11所示。

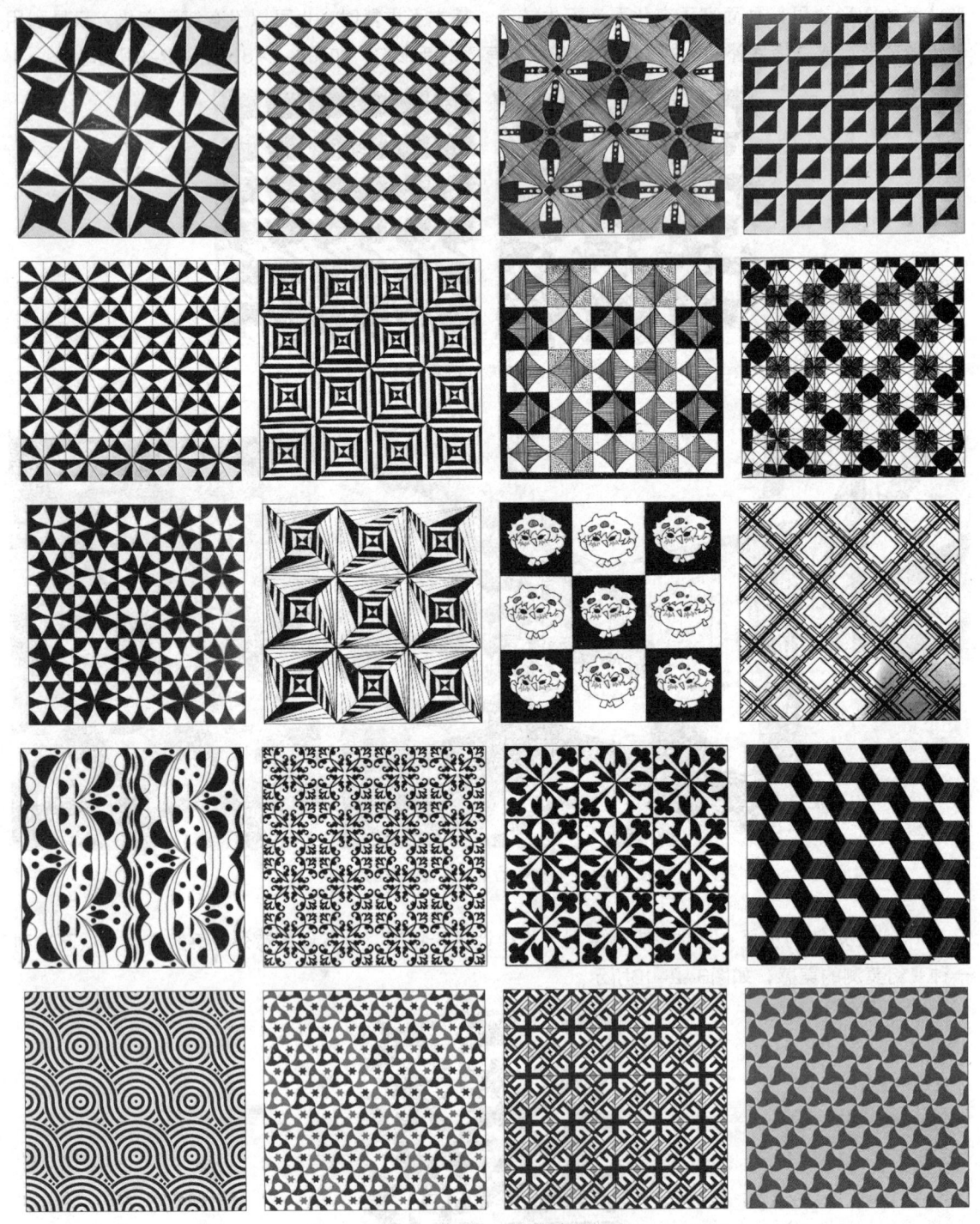

图3-2-11 重复构成样例参考

图3-2-11 重复构成样例参考（续）

二、近似构成

在自然界中，两个绝对相同的事物是不存在的，近似的事物却很多，例如，同种植物的叶子、溪中的鹅卵石、同种类的小鸟等，它们在外形上都很相似。

近似的事物往往在视觉上呈现出统一感。人们很容易将形状、大小、颜色、肌理或功能近似的事物看成同一类，如街上的行人、文具店中的笔、公路上的汽车等，它们或多或少有这样或那样的差异，但相似的特征更多、更突出，因此，在人们的认知中，它们属于同一类事物。

近似构成的运用可使设计主题突出、统一性强，但也不乏生动的变化。近似构成克服了重复构成平淡、呆板的缺点。

如图3-2-12所示为英国Henry London品牌腕表广告，此腕表广告采用近似构成的设计手法，手臂与腕表组合成基本形。在重复骨骼的编排下，画面非常整齐、有序，但又不是单纯的重复，每个基本形中的衣袖与腕表色彩又各不相同，整齐中又有变化的元素，表现了此品牌腕表的宣传主题，即此腕表与多姿多彩的生活相得益彰，适合各类人群根据不同造型搭配不同色彩的腕表佩戴。

如图3-2-13所示为2007年中国女足世界杯"国际足球海报大展"的金奖作品，采用的也是近似构成手法。各种不同姿态的"女"字展示着不同的足球运动动作，一个个的圆点既像女子随风舞动的秀发，又像风驰电掣的足球，充分地展示了绿茵场上英姿飒爽的女足运动员，以及刚柔并济的女足运动。

如图3-2-14所示为悉尼歌剧院建筑，该建筑造型新颖奇特、雄伟瑰丽。其建筑造型设计也可以看成近似构成的一种表现，白色蚌形的基本形在巨型花岗石基座上，形成高低不一的整体造型，远远望去，既像一枚枚竖立着的洁白大贝壳，又像一组扬帆出海的船队，与周围蔚蓝色的海面浑然一体，景色蔚为壮观。

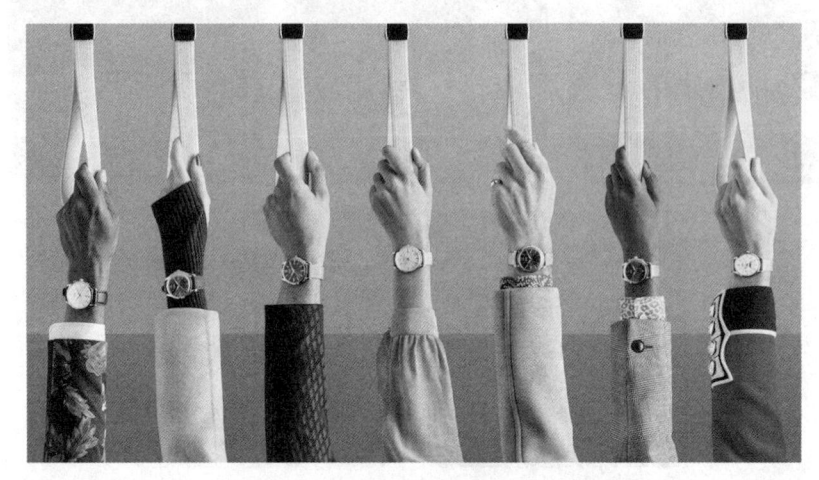

图3-2-12　英国Henry London品牌腕表广告

图3-2-13　女足世界杯海报

图3-2-14　悉尼歌剧院建筑

1. 近似构成的概念

近似指的是基本形、骨骼或它们的组成方式，在多方面有着共同的特征，或变化不大的构成形式。因为近似的形或骨骼之间是同族类的关系，在形状、大小、色彩、肌理等方面有着共同的特征，所以，近似构成具有在统一中呈现生动变化的效果。在自然界中，近似的例子很多，如树上的叶子、网块状的田野、海边的石子等。近似构成如图3-2-15所示。

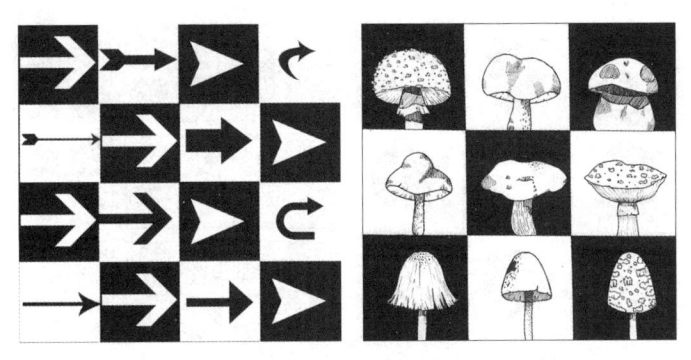

图3-2-15 近似构成

2. 近似构成的特点

（1）当基本形为具象形时，可以选取功能和意义互有联系的同一类，或具有较强共同特征的对象。总之，基本形看似各不相同，但又具有较强的同类特征或意义，如图3-2-16所示。

图3-2-16 近似构成-具象形

（2）当基本形是几何形时，可以利用两个或两个以上几何形相加或相减，来求得近似的基本形，如图3-2-17所示。

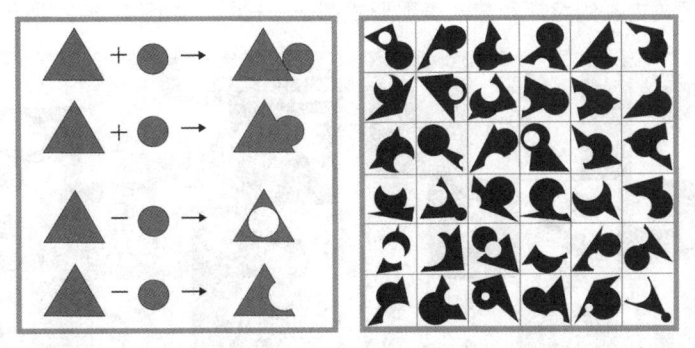

图3-2-17 近似构成-几何形

3. 近似构成的分类

（1）同形异构：在近似构成的过程中，同形异构是指外形相同、内部结构不同的造型方法。这种方法是近似构成中最常用的方法，也是最易产生相似性的方法，如图3-2-18所示。

图3-2-18　同形异构

（2）异形同构：异形同构与同形异构相反，即外形不同，但是内部结构相同或一致，如图3-2-19所示。

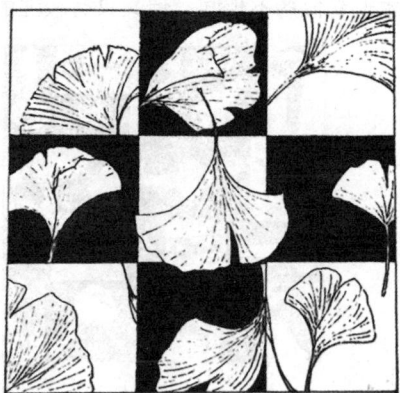

图3-2-19　异形同构

（3）异形异构：异形异构属于近似构成中差异性很大、关联性较小的一类设计手法。其外形和内部结构都不同，但是内在的意趣和艺术表现形式都是一样的，如图3-2-20所示。

图3-2-20　异形异构

近似构成样例参考如图3-2-21所示。

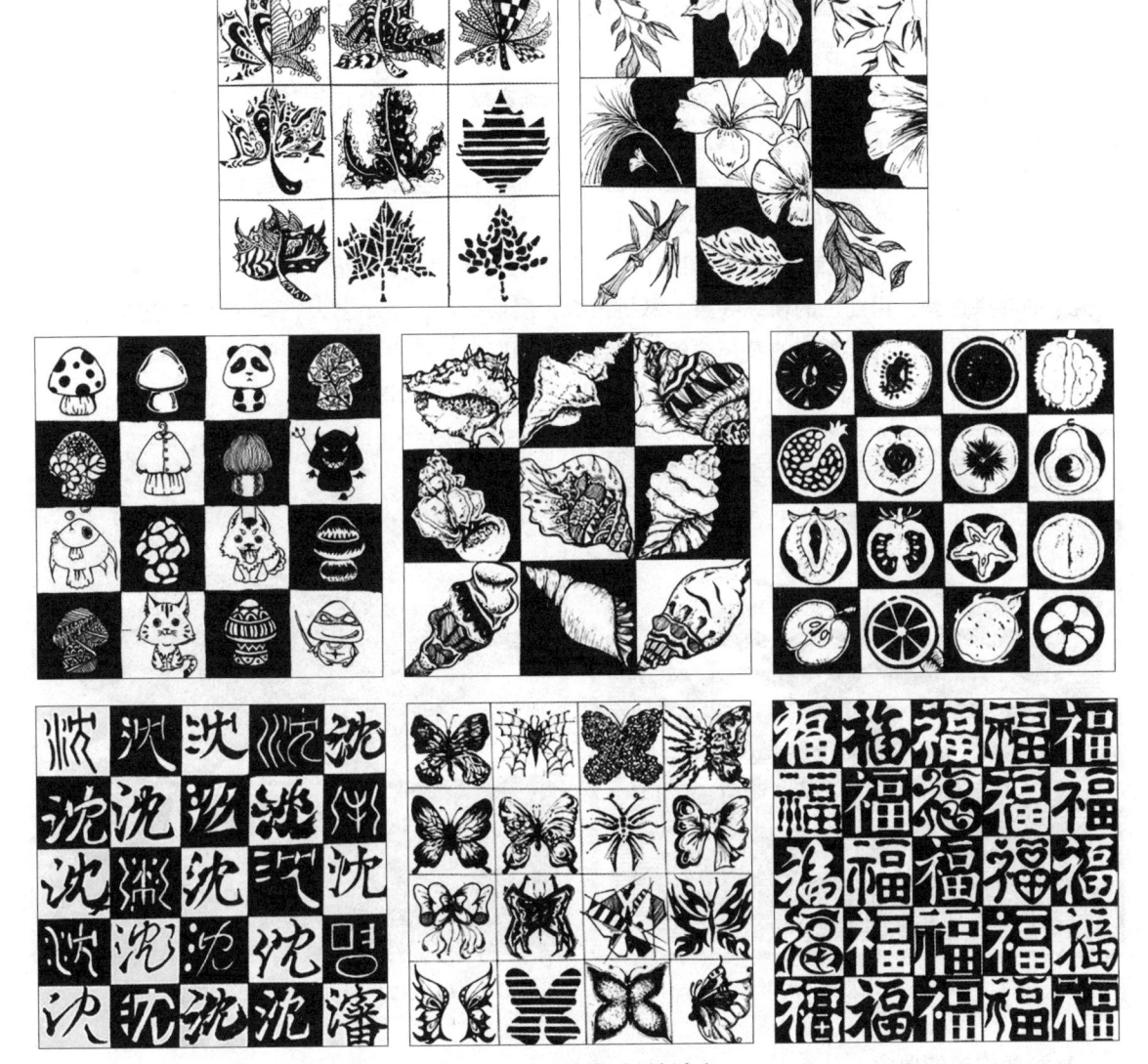

图3-2-21 近似构成样例参考

三、渐变构成

在日常生活中,有许多现象会随着时间的流逝而渐变,如种子从萌芽到抽叶、花朵从开放至凋零、人由婴儿到老年等。

很多视觉现象也采用了渐变的形式。根据透视原理,在人们眼前的物体会呈现近大远小的变化，如公路两边的电线杆、树木、建筑物等；还有些物体会呈现近宽远窄的变化，如伸向远方的铁轨、块状分割的田地等。许多自然现象都有着渐变的特点。

渐变是一种规律性很强的现象，将这一规律运用在视觉设计中，能产生强烈的透视感和空间感，它是一种有秩序、有节奏的变化。

如图3-2-22所示的《水与天》，是荷兰近代版画家埃舍尔于1938年创作的作品。画面下半部是黑底白鱼，上半部是白底黑鸟。其起始形为鱼，终止形为鸟，在形象渐变的过程中，又巧妙地实现了图底反转。白鱼从有形到无形，黑底从无形到有形，构图生动、巧妙、自然，两个时空互相转换，给人带来无限的想象空间和视觉享受。

如图3-2-23所示为上海世博会中国馆，中国馆被命名为"东方之冠"，它采用我国传统木构架建筑中的斗拱造型，用红色的横纵线条，悬挑出檐，层层叠加，下小上大，有序渐变成倒梯形结构的斗冠形状。这些简约、渐变的装饰线条，配合下面的四个巨型立柱，使整体造型雄浑有力，宛若华冠高耸，堂皇端庄、宏伟壮观，它是对中国文化"天人合一，和谐共生"的最好表达。

图3-2-22 《水与天》 埃舍尔 1938年　　　　　图3-2-23 上海世博会中国馆

1. 渐变构成的概念

渐变是一种变化运动的规律，它是对应的形象经过逐渐的规律性过渡而相互转换的过程。它将基本单元或骨骼逐渐地、循序地、有秩序地变动或集合，给人以节奏、韵律的美感。在日常生活中，月亮的盈亏、水纹的波动、火车从起点到终点等都是渐变现象。

渐变处理时要特别注意基本形和骨骼的过渡性，保持整体节奏。渐变的程度太大或太快，就会失去规律性，给人不连贯的跳跃感。反之，如果渐变程度太慢，则会产生重复之感，但有时慢的渐变在设计中又会显示出细致的效果。

渐变构成的基本形和骨骼可以是渐变的，也可以是重复的，它们之间的结合关系有以下几种。

（1）将渐变基本形纳入重复骨骼中，如图3-2-24所示。基本形从四周向中心由大到小渐变，而骨骼是重复的。重复骨骼加上渐变的基本形，使画面在重复的节奏中体现变化的韵律。

（2）将重复基本形纳入渐变骨骼中，如图3-2-25所示。相同的基本形在双向渐变骨骼的作用下不断被切除，虽然在渐变骨骼中显示的完整性不同，但基本形没有发生改变，可以看作重复的基本形。这种画面效果具有层次感和空间纵深感。

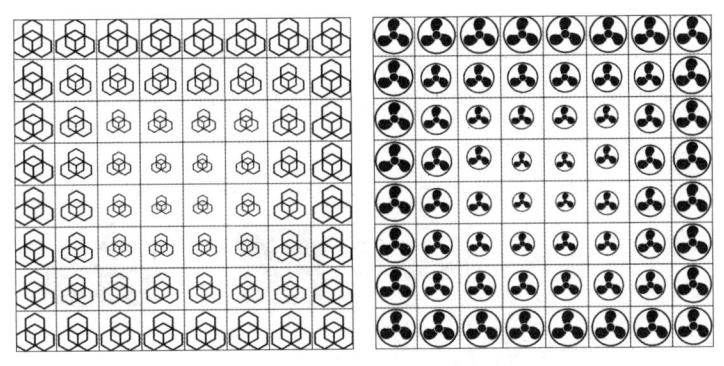

图3-2-24 将渐变基本形纳入重复骨骼中

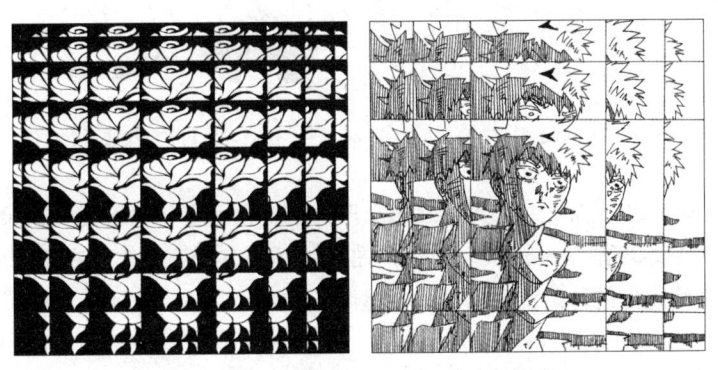

图3-2-25 将重复基本形纳入渐变骨骼中

（3）将渐变基本形纳入渐变骨骼中，如图3-2-26所示。基本形按照左窄右宽、上短下长的规律进行渐变，骨骼也从左上角向右下角进行双向渐变。渐变的基本形加上渐变的骨骼，使画面具有生动活泼、变幻莫测的视觉效果。

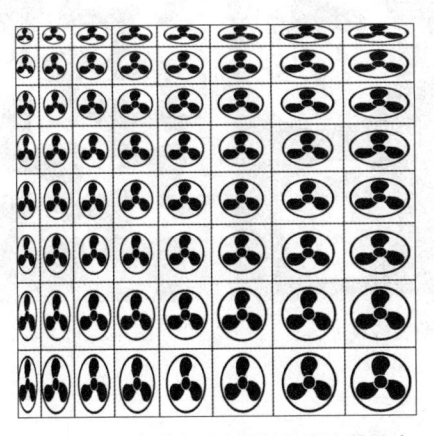

图3-2-26 将渐变基本形纳入渐变骨骼中

2. 渐变构成的特点

（1）基本形或骨骼渐变的幅度太小，会产生重复感和疲倦感，如图3-2-27所示。基本形从刷子渐变成人头部造型，形成了7个中间形，每相邻的两个中间形之间的差异太小，渐变过程过于缓慢，所以画面节奏拖沓，容易引起视觉疲劳。

（2）基本形或骨骼渐变的幅度太大，会失去其特有的规律性效果，造成不连贯的感觉，如图3-2-28所示。对相邻的两个基本形进行比较，会发现其变化较大，加形也较为突然，所以，画面跳跃性大，失去了流畅、自然的视觉效果。

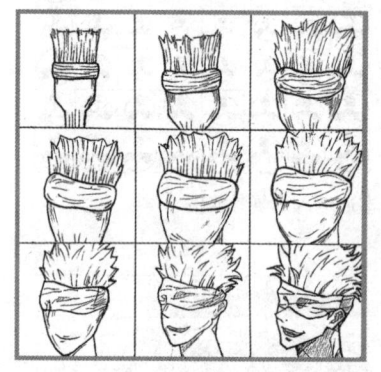

图3-2-27 渐变构成（一）　　图3-2-28 渐变构成（二）

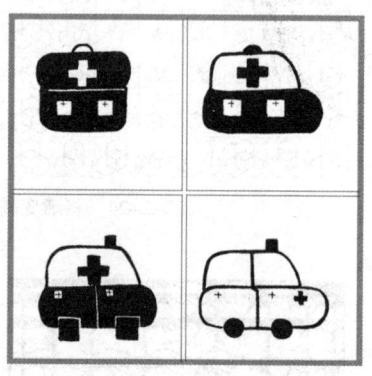

（3）基本形在渐变时，前一个形要为后一个形的渐变留出变化的可能性或余地，如图3-2-29所示。图中的基本形从水杯渐变成人头，为了使左侧的耳朵有来源，作品在起始形上有意加入杯盖造型，使它逐渐变成终止形的耳朵，变化过程自然而不牵强。

（4）基本形在渐变时，图底也可以发生转换。这种渐变相对比较复杂，不太好构思，需要反复尝试和揣摩。如图3-2-30所示，图中左上方是白底黑鸽，右下方是黑底白鸽。黑鸽从有形渐变为无形的黑底，而黑鸽之间的白色间隙随着黑鸽的渐变从无形变为有形（白鸽）。整幅画面在渐变过程中既完成了两个基本形的渐变，又完成了图底的转换。

图3-2-29 渐变构成（三）　　图3-2-30 渐变构成（四）

3. 渐变构成的分类

（1）基本形的渐变。这种渐变构成通过基本形的有秩序、有规律、循序的变化而取得渐变效果。基本形可以从以下几方面进行渐变。

①形象渐变：两个不同的形象均可从一个形象自然地渐变成另一个形象，如图3-2-31所示。关键是中间过渡阶段要消除个性，取其共性，圆可以渐变成方，方可以渐变成三角形等。

图3-2-31　形象渐变

②大小渐变：基本形由大变小或由小变大，可营造空间移动的深远感，如图3-2-32所示。

图3-2-32　大小渐变

③方向渐变：基本形在方向上发生逐渐的、有规律的变动，造成平面空间中的旋转感，如图3-2-33所示。

图3-2-33　方向渐变

④虚实渐变：用黑、白正负变换的手法，将一个形的虚形渐变为另一个形的实形，如图3-2-34所示。

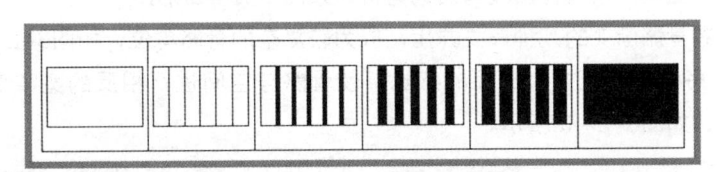

图3-2-34　虚实渐变

⑤位置渐变：对基本形在画面中或骨骼单位内的位置进行有序的移动变化，使画面产生起伏波动的效果，如图3-2-35所示。

图3-2-35　位置渐变

⑥明度渐变：基本形的明度发生由亮变暗的渐变效果，如图3-2-36所示。

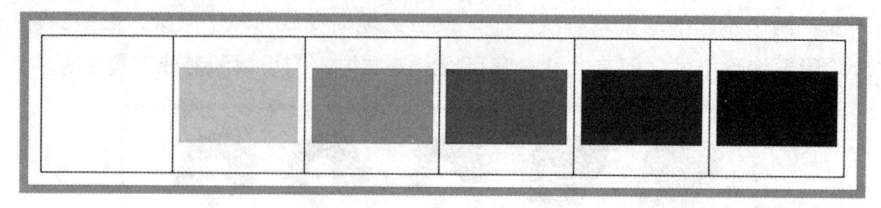

图3-2-36　明度渐变

（2）骨骼的渐变：通过变动骨骼的水平线、垂直线的疏密比例，取得渐变效果。骨骼可以从以下几方面进行逐渐变动。

①单元渐变：也叫作一元渐变，即仅用骨骼的水平线或垂直线作单向序列渐变，如图3-2-37所示。

②双元渐变：也叫作二次元渐变，即两组骨骼线同时按规律变化，如图3-2-38所示。

③等级渐变：将骨骼线作竖向或横向整齐错位移动，产生梯形变化，如图3-2-39所示。

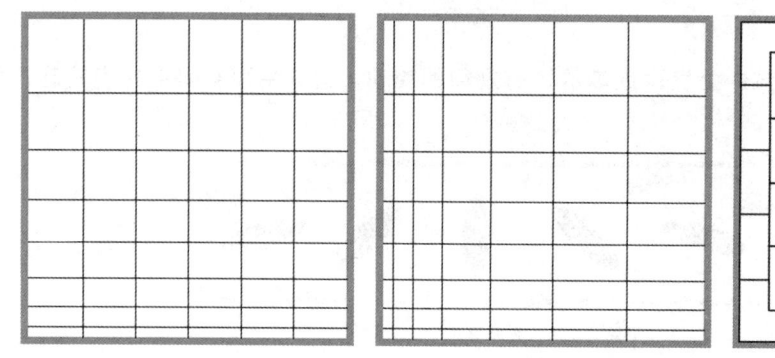

图3-2-37　单元渐变　　　　图3-2-38　双元渐变　　　　图3-2-39　等级渐变

④折线渐变：将竖向、横向骨骼线弯曲或弯折，如图3-2-40所示。

⑤联合渐变：将骨骼渐变的几种形式并用，成为较复杂的骨骼单位，如图3-2-41所示。

⑥阴阳渐变：将骨骼宽度扩大成面的感觉，使骨骼与空间进行相反的宽窄变化，即可形成阴阳、虚实转换渐变，如图3-2-42所示。

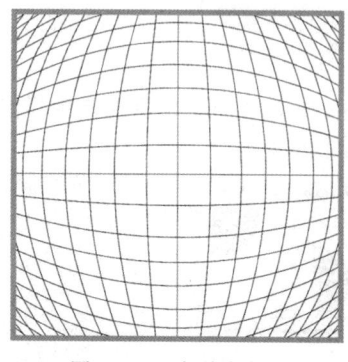

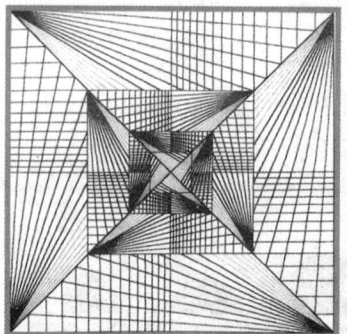

图3-2-40　折线渐变　　　　图3-2-41　联合渐变　　　　图3-2-42　阴阳渐变

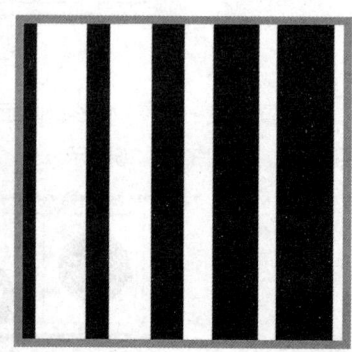

项目三 平面构成类型 | 73

渐变构成样例参考如图3-2-43所示。

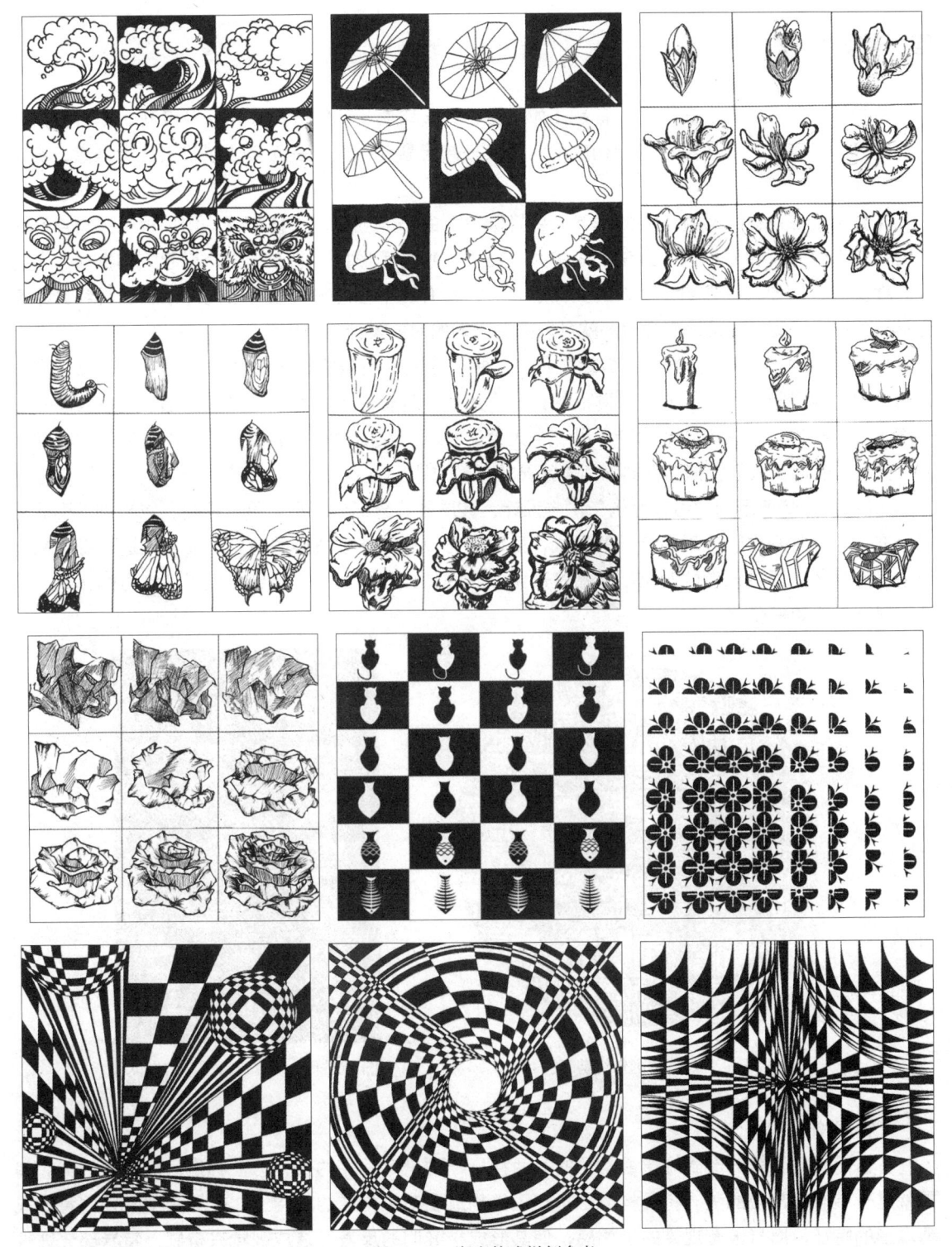

图3-2-43 渐变构成样例参考

四、特异构成

特异的现象在日常生活中比比皆是，如星空中的一轮明月、绿叶丛中的一朵红花、羊群中的一只牧羊犬、大海中的船帆等。特异构成是利用大多数元素来衬托个别元素，以吸引视觉焦点，突出个别元素的与众不同。

特异构成在设计中有着重要的位置。要打破单调的一般规律，张扬个性，增加视觉兴奋点和趣味性，就可以采用特异构成的方法，如特大、特小、独特等形象，刺激视觉，引起人们振奋、震惊等心理反应。例如，在看到一个人的头发翘起时，都有忍不住想将其按下去的冲动，这种特异元素容易被关注。因此，在设计广告时，就可以把要强调的对象设计成特异元素。

如图3-2-44所示，我国传统剪纸窗花中"福"字主题有很多图案形式，这是其中一款。它的构图采用的就是特异构成的方法。圆形的窗花中用规律性骨骼把各种字体形式的福字编排得整齐、有序，在窗花的正中央突破规律特异出一个大大的福字。在周围福字的衬托下，中央的福字非常醒目、突出，表达了人们祈福纳吉的强烈美好愿望。

如图3-2-45所示的"可口可乐"广告设计，该广告背景部分用可口可乐瓶盖，以平铺的形式进行填充，画面主视觉部分采用特异的形式，呈现出可口可乐典型瓶体的造型，元素的选取都与品牌形象紧密相连，两种元素的对比凸显品牌形象。这种特异的构图形式起到了吸引注意力的作用，有助于提升品牌知名度。

图3-2-44　中国传统剪纸窗花

图3-2-45　"可口可乐"广告设计

1. 特异构成的概念

在自然界中，美的形式规律最常见的有两种：一种是有秩序的美；另一种是打破常规的美。特异就是一种打破常规的美。特异构成是指在重复构成或渐变构成的基础上，变异其中个别的骨骼或基本形的特征，以打破有规律的单调感，使其形成极鲜明的反差，造成视觉兴奋感，特异部分往往形成视觉中心，又称为特异点。在特异构成中，特异点应少，甚至只有一个，才能起到画龙点睛的作用，从而引起人的注意力。特异构成分为基本形特异和骨骼线特异两种。

2. 特异构成的特点

（1）基本形和骨骼可以是重复的，也可以是近似的。图3-2-46所示为整体造型是重复的基本形和骨骼；图3-2-47则为近似的基本形和不可见的骨骼。这些基本形和骨骼对画面起到了衬托作用。

图3-2-46　重复的基本形及骨骼 　　　　　图3-2-47　近似的基本形和不可见的骨骼

（2）表现整体秩序的基本形与特异基本形要数量悬殊，特异部分要远远少于整体部分，否则，达不到特异效果，容易成为对比的形式。如图3-2-48所示，因为两种基本形的数量相差较大，所以特异效果显著，主题突出；如图3-2-49所示，两种基本形的数量差异较小，多的不够多，少的不够少，因此，特异效果表现不到位，主题表达不明确。

图3-2-48　主题明确的特异构成 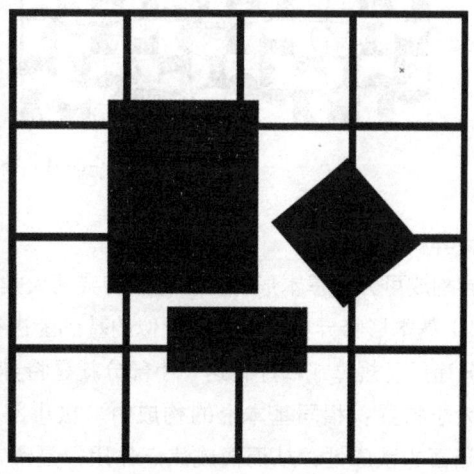　　　　　图3-2-49　主题不明确的特异构成

（3）多数特异构成都是在形状、颜色、方向、位置等方面，大胆突破原有的、有规律的组织结构，其目的是引起视觉刺激，如图3-2-50所示。

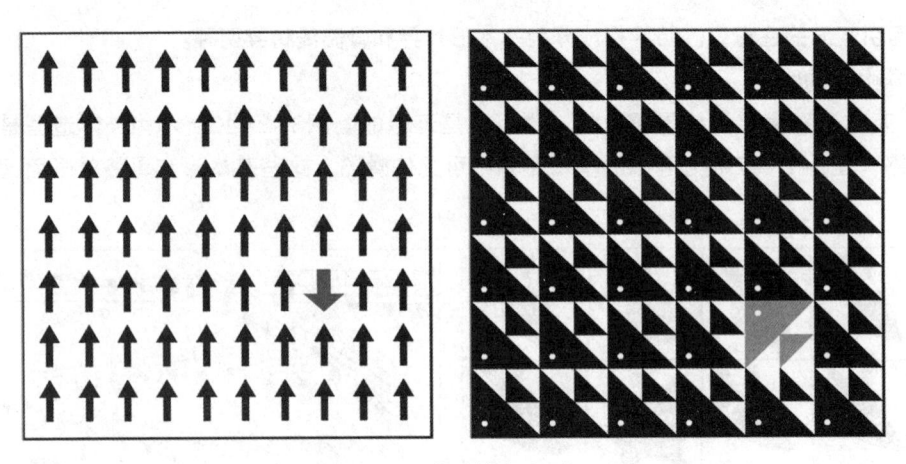

图3-2-50 特异构成（一）

（4）少数特异构成不破坏画面原有的统一、和谐效果，特异基本形与大多数基本形相似，让人产生疑问、寻觅的心理反应，当定睛观察后又发现很多细节的特异，从而产生惊喜的感觉，如图3-2-51所示。

图3-2-51 特异构成（二）

3. 特异构成的分类

特异构成可分为基本形特异和骨骼特异两大类。

（1）基本形特异：在重复、近似的基础上进行突破或变异，大部分基本形都保持着一种规律，一小部分违反了规律或秩序，这一小部分就是特异基本形，它能成为视觉中心。

①大小特异：相同基本形的构成中，极小部分基本单元在大小上进行变化。大小特异的对比可打破画面的秩序性，从而形成焦点作用，是最常见、最容易使用的一种构成形式，如图3-2-52所示。

②形状特异：小部分基本单元在形状上变化，能增强形象的趣味性，使形象更加丰富，并形成衬托关系。特异形在数量上要少一些，甚至只有一个，这样才能形成焦点，达到强烈的效果，如图3-2-53所示。

图3-2-52　大小特异　　　　　　　　　图3-2-53　形状特异

③色彩特异：基本形在色彩上的特异，能丰富画面的层次感，如图3-2-54所示。

④方向特异：大多数基本形在方向上保持一致，少数基本形在方向上有所变化，以形成特异的效果，如图3-2-55所示。

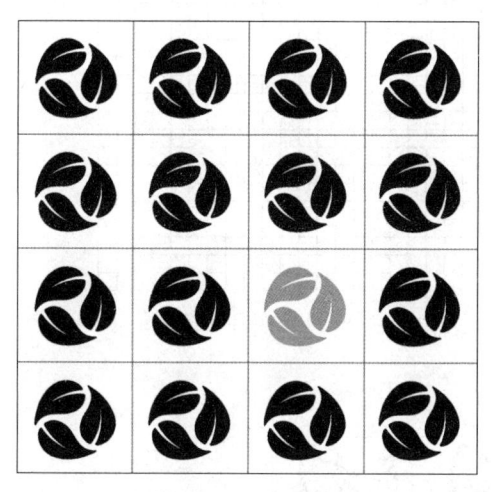

图3-2-54　色彩特异　　　　　　　　　图3-2-55　方向特异

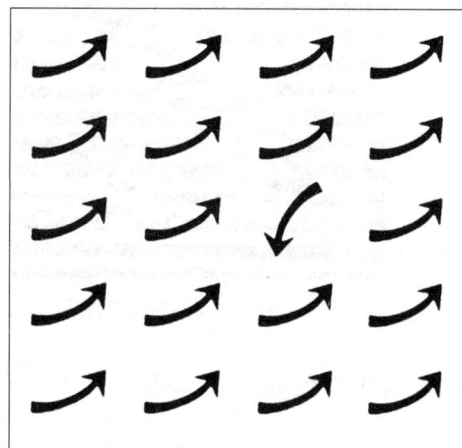

⑤位置特异：在设计中把比较明显的、突破规律的位置，作为特异基本形的位置，可同时结合基本形的大小、形状、色彩进行变异设计，效果如图3-2-56所示。

⑥肌理特异：在相同的肌理质感中，造成不同的肌理变化，效果如图3-2-57所示。

（2）骨骼特异：规律性骨骼中的部分骨骼单位，在形状、大小、方向或位置方面发生变异。特异骨骼的设计，以突出骨骼自身变化为特征，一般不需要纳入基本形。

①规律转移：规律性骨骼中的一小部分发生变异，形成一种新规律，并且变异部分的骨骼与原规律保持有机联系，这一部分即规律转移，如图3-2-58所示。

②规律破坏：在整体有规律的骨骼中，某一局部受到破坏干扰，这就是规律的破坏。在这些

规律破坏处，可能出现骨骼线的相互纠缠、交错、断碎，甚至消失，骨骼单位随之变形、漂浮或解体。但特异的部位仍应保持与原规律的某种联系，以保持构图的完整性，如图3-2-59所示。

图3-2-56　位置特异

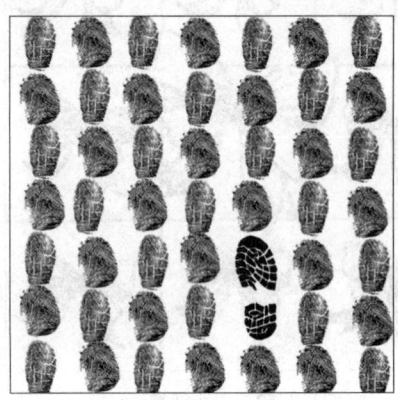

图3-2-57　肌理特异

图3-2-58　规律转移骨骼特异

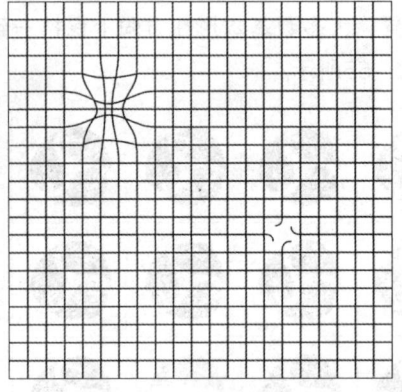

图3-2-59　规律破坏骨骼特异

特异构成样例参考如图3-2-60所示。

图3-2-60　特异构成样例参考

项目三 平面构成类型

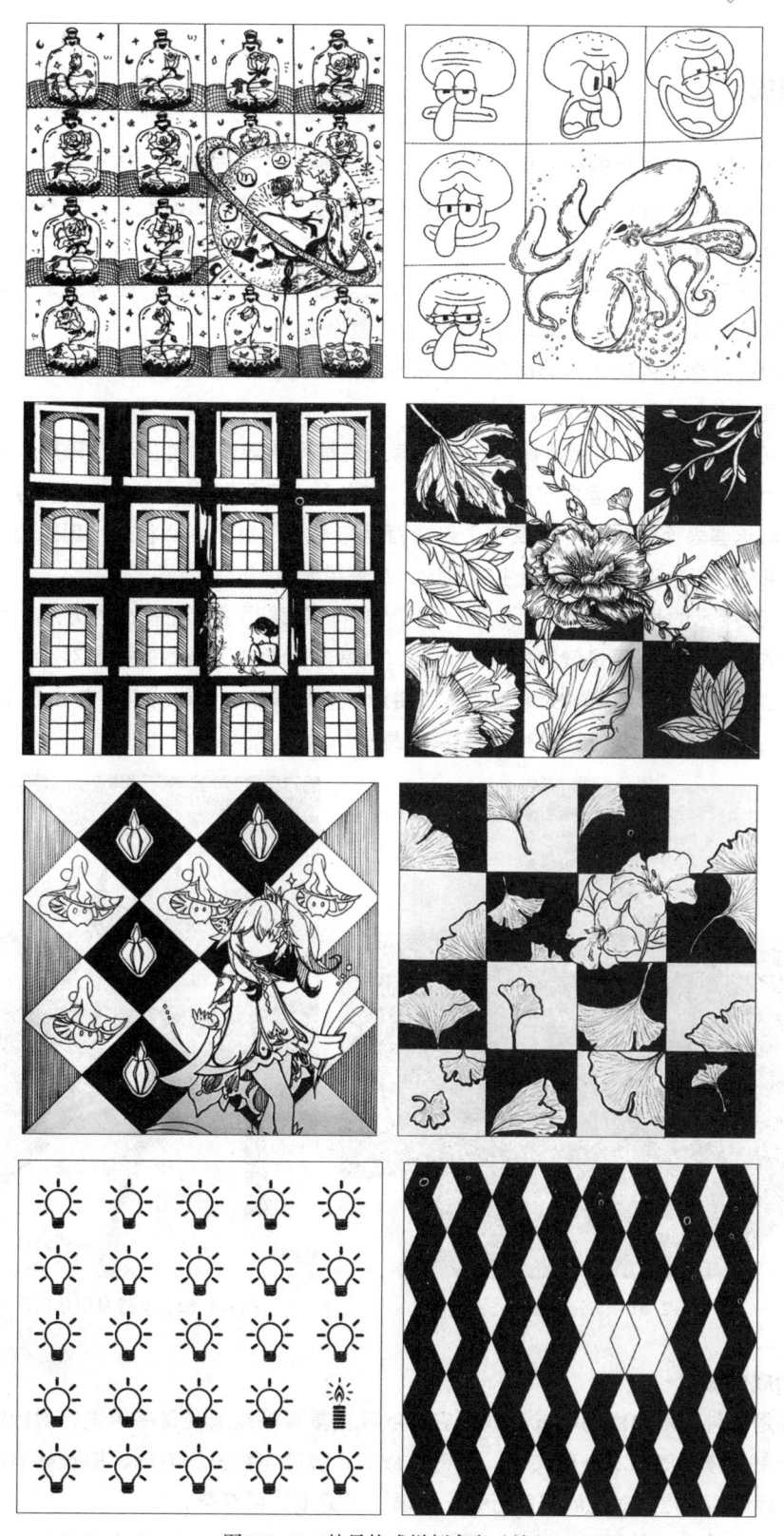

图3-2-60 特异构成样例参考（续）

五、对比构成

我们生活在一个充满对比的世界里,天与地、陆与海、红花与绿叶,还有冷与暖、干与湿、轻与重等,处处都有对比。在日常生活中,我们也时刻体会着各种对比的形式,如身体的动与静、感情的喜与怒、行为的善与恶、乐曲的快与慢等。

对比,其实就是某类群体中相关事物的一种比较。它可以是显著的,也可以是模糊的;可以是强烈的,也可以是轻微的;可以是简单的,也可以是复杂的。

对比,有时是形态上的对比,有时是色彩和质感的对比。采用对比构成可以产生明朗、肯定、强烈的视觉效果,给人以深刻的印象。

如图3-2-61所示的某公园雕塑作品,它没有采用常用的雕塑材料,而是采用木材制作。而且在构成手法上也与众不同,它运用了对比的手法,在色彩、表面肌理、方向、高度等方面都形成了强烈的对比,从这些表面的对比中,反映了普通百姓与皇族权贵在生活状态、理想追求上的巨大反差:百姓生活虽贫,但平安即福;权贵生活虽优,却奢望无度。

如图3-2-62所示的某健身俱乐部广告,这个健身广告采用了对比构成的方法,水上面是粗壮的臂膀和肥赘的肚腩,水下面是健美的双腿,上、下两部分形成了强烈的视觉对比。这种对比和刺激使人产生的紧张心理,自然地转变成对池水和游泳的一种渴望,同时也与广告主题语 "water fits you"产生共鸣:快游泳吧,水能还你一个完美的身材!

图3-2-61 某公园雕塑作品 图3-2-62 某健身俱乐部广告

1. 对比构成的概念

对比构成是一种相对自由的构成形式,它可以在重复骨骼或渐变骨骼中进行对比练习,也可以不受骨骼的限制,依据形态本身对大小、疏密、虚实、显隐、色彩、方向、肌理等方面进行对比构成。对比以差异作为前提,对比的程度可强、可弱,可简单、可复杂。

对比在视觉上给人一种明确、肯定、清晰的感觉。强烈的紧张感、冲突感是对比的目的。无论是具象形还是抽象形,都可以形成对比。如长短、粗细、大小、黑白、规则与不规则等,即任何相反或相异的因素都可以形成对比。

2. 对比构成的特点

对比有程度之分,轻微的对比趋向于调和,强烈的对比会形成视觉的张力。换句话说,对比可以有两个相反的表现方向,即对立与调和。因此,不同形象之间的对比,通过表现方向的不同,可以达到形象间对立、明确的视觉刺激,也可以达到对比中呈现相互调和、统一的画面效果。

(1)有显著差异的基本形进行对比,相互反衬,如大的显得更大,小的显得更小,呈现鲜明的对立和对比性,给人以强烈的视觉张力,如图3-2-63所示。

(2)不同的基本形产生对比是自然的,而形成调和却是人为的和有意识的。合理地调配这些对比因素,通过设计者进行艺术加工,画面才能达到既有对比又有调和的统一效果,从而实现视觉的平衡,如图3-2-64所示。

图3-2-63 对比构成(一)　　图3-2-64 对比构成(二)

3. 对比构成的分类

对比构成是设计中的一种重要手法,它强调局部与局部之间的差异性,使整体成为有显著对照关系的构成。对比构成的分类主要有以下几种。

(1)形状对比:通过不同形状元素之间的对比,产生视觉上的冲击和张力。例如,在设计中使用点和线的组合、直线和曲线的组合,圆形和方形的组合,都可以产生强烈的对比效果。

(2)大小对比:通过不同大小元素之间的对比,营造出空间感和层次感。大元素在视觉上更加突出,而小元素则可以起到衬托和点缀的作用。

(3)方向对比:通过不同方向元素之间的对比,产生动态感和流动性。例如,在设计中使用斜线和直线的组合,可以营造出强烈的动感和张力。

(4)色彩对比:通过不同色彩元素之间的对比,产生强烈的视觉冲击力。例如,在设计中使用互补色或对比色,可以营造出鲜明、活泼的视觉效果。

(5)肌理对比:通过不同肌理元素之间的对比,产生触感和视觉上的差异。例如,在设计中使用粗糙和光滑的材质对比,可以营造出丰富的质感和层次感。

(6)位置对比:画面中基本形位置不同,如上下左右、高低等不同位置所产生的对比。

(7)重心对比:重心的稳定感与轻重感不同所产生的对比。

(8)空间对比:平面中的正负、图底、远近等所产生的对比。当图少底多时,底包围图,图就特别突出;而当图多底少时,图包围底,底就显得突出;当图、底面积相等时,虚形和实形同时突出，感觉一会看到虚形，一会看到实形，产生视觉效果。

（9）虚实对比：画面中有实感的图形称为实，空间则称为虚，虚的地方大多是底。

（10）聚散对比：密集元素与松散空间所形成的对比关系。

以上是对比构成的几种主要分类，每种分类都有其独特的效果和用途，可以根据设计需求进行选择和运用，常见效果如图3-2-65所示。

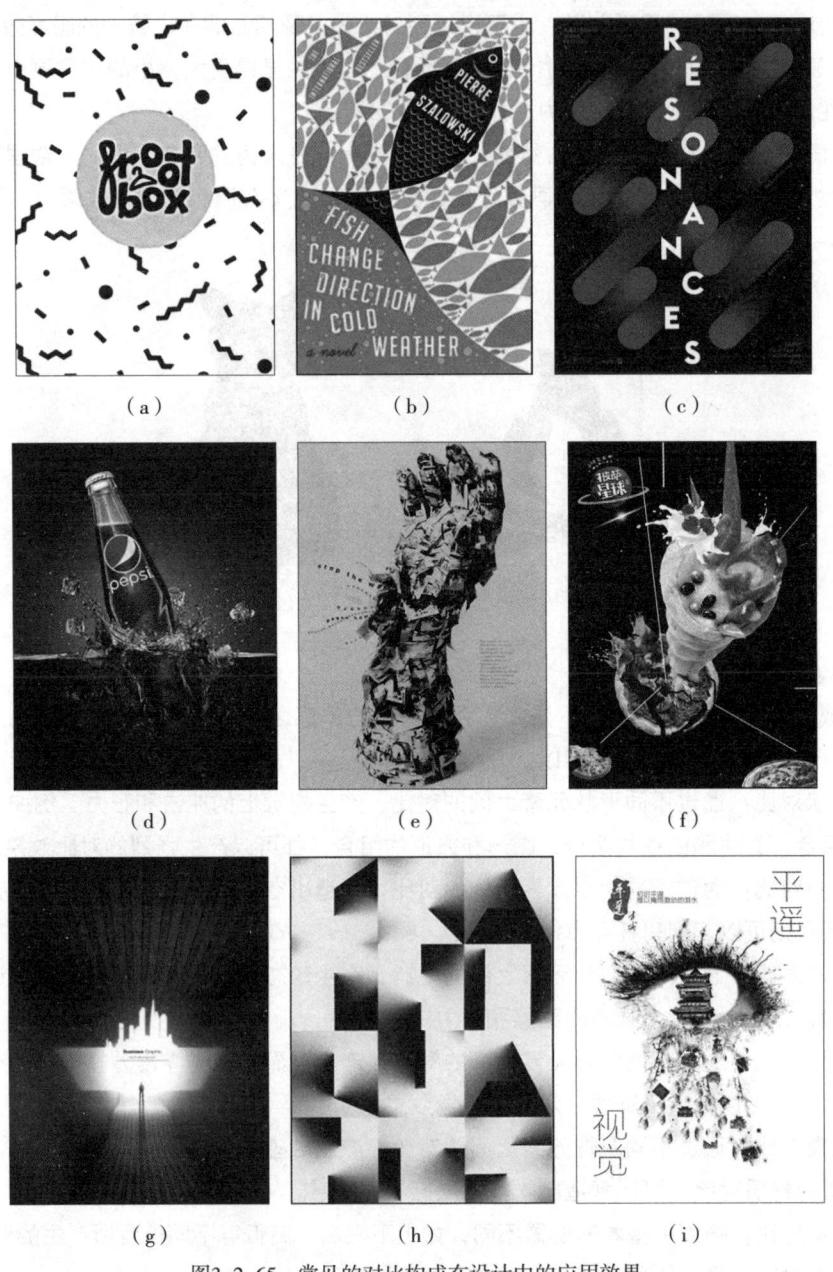

图3-2-65 常见的对比构成在设计中的应用效果

（a）形状对比；（b）大小对比；（c）方向对比；（d）色彩对比；（e）肌理对比；（f）重心对比；（g）空间对比；（h）虚实对比；（i）聚散对比

对比构成样例参考如图3-2-66所示。

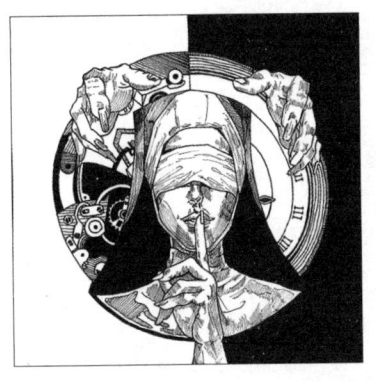

图3-2-66 对比构成样例参考

六、聚散构成

聚散的现象在自然界和生活中比比皆是，夜空中闪烁的群星、广场上散布的人群，均是有疏有密、有聚有散。聚散构成是一种对比的情况，它利用基本形数量和排列的不同，使基本形在画面中自由散布，产生疏密、虚实、松紧的对比效果。密或疏的地方引人注目，常常成为整个设计的视觉焦点。聚散构成在画面中造成一种像磁场一样的视觉张力，并具有节奏感，是一种富于动感的结构方式。

如图3-2-67所示，杭州银行标志由花和鸟两种基本形密集而成。以花为基本形的密集具有向中心汇集、聚拢的动感趋势，加上逐渐变深的蓝色，表达了银行是一个储蓄财富、汇集资金的地方；以鸟为基本形的密集，则呈现向外疏散的动感趋势，表达了银行还是一个提供借贷资金、放飞梦想的地方。这个扇形结构的标志形象地诠释了银行管理财富的双向作用。

如图3-2-68所示，SONY耳机广告与常见的耳机广告不同，没有采用耳机的形象，而是用音乐符号作为基本形。它采用密集构成的手法，表现一个使用面料制作的音乐符号爆炸破裂，喷射出许多细小的音乐符号，使画面呈现出较强的动感趋势，具有很强的视觉张力。这个标新立异的创意，直观地传达了此款耳机劲爆动听的爆炸音乐效果。

图3-2-67 杭州银行标志　　图3-2-68 SONY耳机广告

1. 聚散构成的概念

聚散构成是一种特殊的艺术形式，通过形态、大小、方向等造型元素的聚合与散列，创造出具有统一性和变化性的画面。它也可以被看作一种特殊的重复，即基本形态或单位围绕一个或多个中心点向外散开或向内汇集。在聚散构成中，通常有一个明确的焦点位于画面的中心，并且具有一种深邃的空间感，表现为图形向中心汇集或由中心向四周分散。

2. 聚散构成的特点

（1）基本形的面积要细小，数量要多，这样才能有聚散的效果，如图3-2-69（a）所示。

（2）基本形的形状可以相同、近似或不同，在大小和方向上也可以有些变化，如图3-2-69（b）所示。

（3）基本形的密集组织一定要有张力和动感的趋势，如图3-2-69（c）所示。

（4）聚散区在画面中的位置不同，会产生不同的动感趋势，如图3-2-69（d）所示。

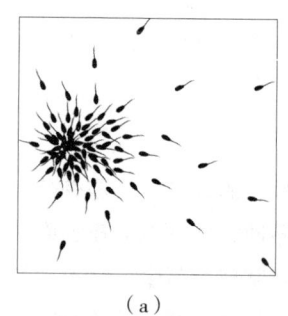

(a)　　　　　　　(b)　　　　　　　(c)　　　　　　　(d)

图3-2-69　聚散构成

（a）面积要细小，数量要多；（b）形状可以相同、近似或不同；（c）要有张力和动感的趋势；（d）位置不同，产生不同的动感趋势

3. 聚散构成的分类

（1）趋向点的聚散。趋向点的聚散是将一个或两个以上的点散放在框架之内，作为视觉焦点（骨骼点），使它们成为众多基本形得以聚拢的出发点或归结点，并依托这些点形成不同的运动方式。

①单一聚散式：所有的基本形趋向一个焦点。应注意焦点不可居中、不可偏下；可采用两种以上的近似基本形断断续续地迫向焦点；应注意聚合力的平衡，不可偏重一侧，如图3-2-70（a）所示。

②复合聚散式：在众多基本形分散趋向不同焦点的情况下，为了避免过于平均，应将主要聚焦点放在视觉中心并加强其聚合力，减弱其他焦点的聚合力，以达到轻重有序、主次分明的设计目的，如图3-2-70（b）所示。

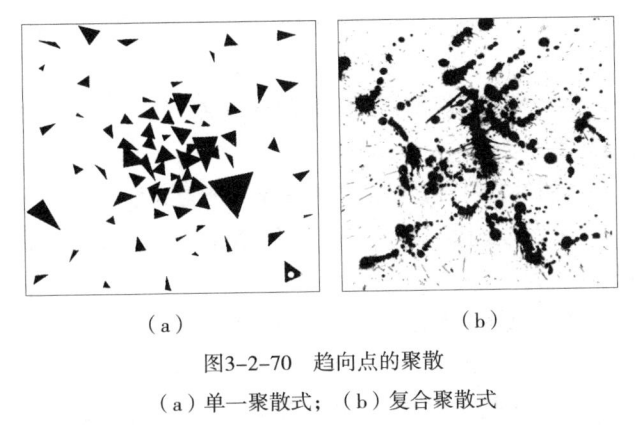

（a）　　　　　　　　　　（b）

图3-2-70　趋向点的聚散

（a）单一聚散式；（b）复合聚散式

（2）趋向线的聚散。趋向线的聚散是将直线或弧线作为骨骼线，分别置于画面内的不同方位，使之成为基本形发散或集结的起跑线或终结线，依托这些线形成不同的聚散运动方式。

①并列聚散式：将预设的骨骼线顺向并列，使所有的基本形分别趋向不同的线段。但需注意这些线段应采取弧度不一、长短不齐的顺向并列，以免形成呆板的队列式秩序，如图3-2-71（a）所示。

②纵横聚散式：将骨骼线纵、横曲折地摆放，使基本形产生方向不一、趋向各异的变化，如图3-2-71（b）所示。

③交叉聚散式：将骨骼进行不同方向的交叉或连接，使框架中既有骨骼线又有骨骼点，从而使多数基本形趋向主要位置上的交叉部位，形成相对有次序的组织排列关系，如图3-2-71（c）所示。

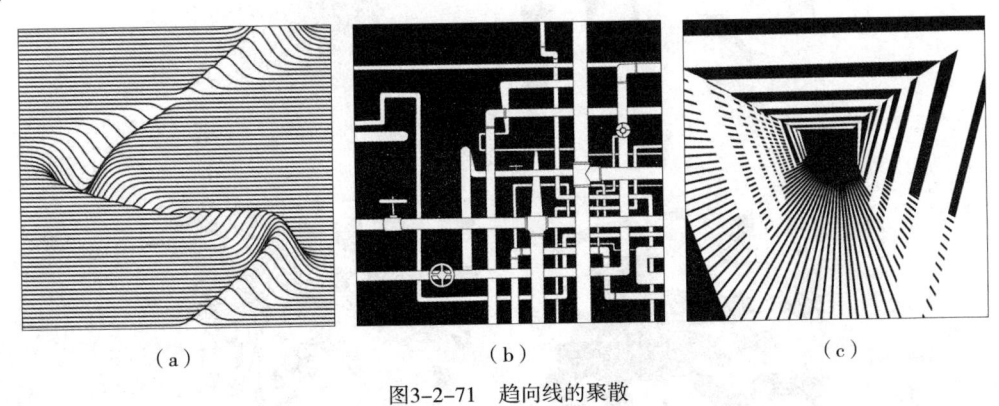

（a）　　　　　　　（b）　　　　　　　（c）

图3-2-71　趋向线的聚散

（a）并列聚散式；（b）纵横聚散式；（c）交叉聚散式

（3）趋向面的聚散。趋向面的聚散是将点、线形成的简单的面放置在框架中，使众多基本形依托这些面的边缘聚拢在一起，形成方向较为复杂的运动方式。

①同类聚散式：多种多量近似基本形，将每一种形放大一个，驱使众多小基本形向自己同类的形状聚拢。同类聚散式须注意以下两点：一是须分清焦点的主次，二是远离焦点的基本形要有所穿插变化。

②异类聚散式：即众多小基本形向着异于自身形状的大基本形聚拢，以表示正、负两极中相吸、相斥的变化。

（4）自由聚散。自由聚散既没有规律，又没有明显的点、线、面的引力中心，而是依意象中的节奏、韵律趋势作疏密、有致的变化。

（5）规范的聚散。规范的聚散是将聚散的简单基本形布置在渐变、发射等骨骼中，使基本形借助规范的骨骼单位，形成有秩序的聚拢。其主要包括渐变聚散式、发射聚散式和重复聚散式。

（6）聚散的构成要点。

①基本形的面积要小，数量要多，造型要简洁，以便有聚散的效果。

②基本形的形状可以相同、近似或不同，在大小和方向上应有些变化，使画面灵活多变。

③在聚散构成中，最重要的是基本形的聚散组织要有张力和动感的趋势，不能组织涣散。

④密集中心可以是以点为中心的密集，也可以是以线或面为中心的密集，关键是要处理好密集构成的形，要既能使人感到完整，又要使密集图形互相穿插变化。

⑤当画面中有多个密集中心时，要有主次之分。可从密集面积和密集程度上进行调整，主要密集点与次要密集点之间应具有一定联系，各形象之间的相互关系有一定的呼应。

聚散的类型多种多样，只要积极创造、发掘有特色的基本形，综合利用上述技巧，往往可以形成较好的画面效果。在这里需要多应用学习过的形式美法则，注意画面的整体与局部、节奏与韵律、变化与统一。聚散构成样例参考如图3-2-72所示。

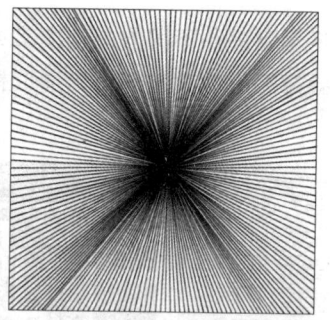

图3-2-72　聚散构成样例参考

图3-2-72　聚散构成样例参考（续）

七、发射构成

发射是一种常见的自然现象，如照射的光线、喷溅的水花、盛开的花朵、贝壳的螺纹、爆炸的火光等。从这些发射现象可以看出，发射具有方向上的规律性，发射中心为最重要的视觉焦点。在发射现象中，所有的形象或向中心集中、聚拢，或由中心向外喷发、散开，呈现较强的运动趋势，有强烈的视觉效果。

如图3-2-73所示，是一幅以"世界环境日"为主题的公益海报。海报以地球为中心，将地球上的生态环境用代表低碳、环保的绿色呈现，采用发射的构成形式强化视觉焦点，强调保护生态环境、共建美好家园是我们每个人的责任与义务。

如图3-2-74所示为上海世博会英国馆，六层楼高的英国馆被称为"种子圣殿"。它周身插满约

6万根透明的亚克力杆，白天光线透过透明的亚克力杆照亮展馆内部，晚上亚克力杆内含的光源能点亮整座建筑。这些亚克力杆呈放射状向外伸展，并能随风轻摇。这种放射状外观设计，使建筑物具有向外扩张的动感和生命力，给人以蓬勃向上的视觉感受，这座动感十足的建筑带给了人们对建筑的全新认识。

图3-2-73 "世界环境日"公益海报　　图3-2-74 上海世博会英国馆

1. 发射构成的概念

发射构成是一种特殊形式的重复构成，是指基本形围绕着一个或多个中心向外扩散或向中心收缩。发射构成具有十分明显的方向性和韵律感，此种形式在自然界中很常见，如节日的礼花、太阳散发的光芒等。在设计中，发射构成往往给人带来强烈的视觉冲击力，并且有明确的视觉中心，有助于构图和空间的组织。

2. 发射构成的特点

（1）发射点即发射中心，为画面的焦点所在。一幅发射构成作品，它的发射点可以是一个，也可以是多个；可以在画面内，也可以在画面外；可大可小，可动可静，如图3-2-75所示。

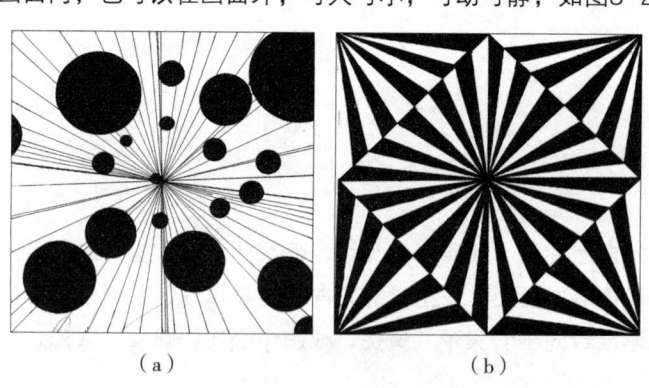

（a）　　（b）

图3-2-75　中心点发射
（a）一个中心点发射；（b）多个中心点发射

（2）发射线即骨骼线。它有方向（离心、向心）和线质（直线、曲线、螺旋线或折线）的区别，如图3-2-76所示。

图3-2-76 发射线

（a）直线骨骼线；（b）曲线骨骼线；（c）螺旋线骨骼线；（d）折线骨骼线

3. 发射构成的分类

（1）离心式发射：发射点在画面中心，基本形由中心向外层扩散。离心式发射是一种运用较多的发射形式，其特点是基本单元从中心或附近开始向外层扩散，常用的骨骼线有直线、曲线、折线、弧线等，如图3-2-77、图3-2-78所示。

图3-2-77 离心式骨骼　　图3-2-78 离心式发射

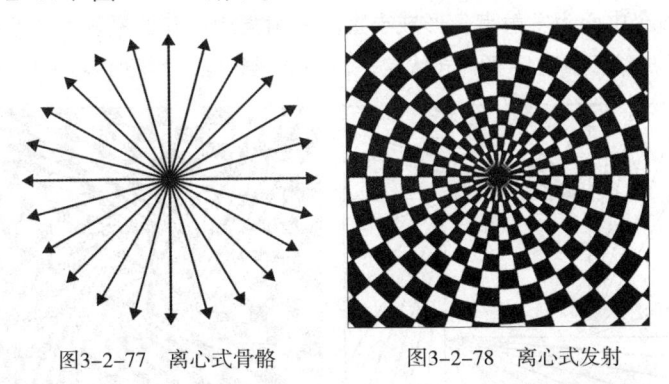

（2）向心式发射：与离心式发射方向相反，向心式发射的发射点在画面外，是一种基本形由四周向中心聚拢的构成形式。其特点是基本单元由外向内收进。这里的"中心"并非所有骨骼的交集点，而是所有骨骼的弯曲指向点，各级骨骼线弯折并指向中心。常用的向心式发射有向内折线、向内弧线等，如图3-2-79、图3-2-80所示。

图3-2-79 向心式骨骼 　　图3-2-80 向心式发射

（3）同心式发射：以一个焦点为中心，基本单元一层一层地围绕同一个中心展开，每层基本形的数量不断增加，在视觉上形成扩大、扩散的形式。同心式发射骨骼线形之间的间隔可等宽、渐变或宽窄随意变化。常用的骨骼线有圆形、方形、螺旋形等，如图3-2-81、图3-2-82所示。

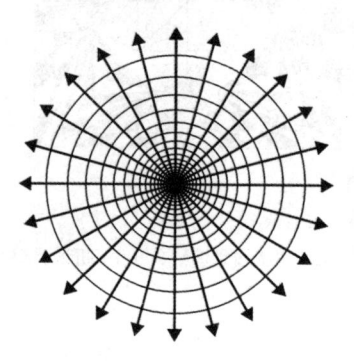

图3-2-81 同心式骨骼 　　图3-2-82 同心式发射

（4）多心式发射：画面中有两个以上的发射中心，基本单元依托这些中心，以放射群形式体现。有的基本形以多个中心为发射点，形成丰富的发射集团；有的是发射线互相衔接，组成单纯性的发射构成。这种构成效果具有明显的起伏状态，空间感较强，如图3-2-83、图3-2-84所示。

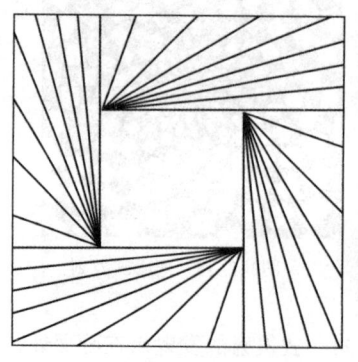

图3-2-83 多心式发射的骨骼 　　图3-2-84 多心式发射

发射构成样例参考如图3-2-85所示。

图3-2-85　发射构成样例参考

图3-2-85　发射构成样例参考（续）

八、空间构成

　　万物的存在都需要空间，无论是高大的建筑物或是微小的小形体，它们都有长度、宽度和高度，只是不同物体所要求的空间大小不同而已。

　　对这些物体而言，它们在空间中实际占据的位置，以及与其他物体形成的上下、前后或左右等空间关系，是物体在视觉空间的表现形态。

　　在平面构成中，空间只是一种假象，它利用平面内图形组构形式和表现方法，给人视觉上造成各种不同的空间感觉。这种感觉是一种错觉，其本质还是平面的。

　　如图3-2-86所示，该作品采用矛盾空间构成方法，通过多种视角分别绘制出各个方向的窗口，然后把它们的边缘连接在一起，组成一个立体空间，这时，就产生了图中所示的矛盾空间；再加上窗外的景象和奇怪的鸟人等形象，一个奇妙的、极具魅力的"异度空间"就立体地呈现在人们面前。

　　如图3-2-87所示，该作品以地面为画布，在周围环境的配合下，呈现出了强烈的幻觉空间。这幅地画巧妙地运用了多种制造三维空间的方法，如池壁的凹凸不平、池边的投影、龙头近大远小的渐变、地面和龙头花纹肌理的渐变等。当然，地画作品还要注意作品的最佳视点，只有站在预设的视觉原点时，这种三维幻觉才最强烈，才能产生视觉共鸣。

图3-2-86　《异度空间》 埃舍尔　　图3-2-87　3D地画作品

1. 空间构成的概念

空间构成是指在二次元的平面设计中，依赖视觉观察中错视的幻觉性，而产生一种具有高、宽、深的三次元立体空间效果。

将平面形态要素按其大小、渐变、明暗、透视、重叠等因素进行构成设计，就可以在平面中产生具有纵深感的三维空间效果。

空间构成常用的方法有以下几种。

（1）重叠排列：两个形体相重叠时，就会产生前后的感觉，即空间深度感，如图3-2-88所示。

（2）大小变化：由于透视的原因，相同的物体会产生近大远小的变化，根据这种视觉现象，在平面中就会产生大图形在前、小图形在后的空间关系，如图3-2-89所示。

图3-2-88　重叠排列　　　　　　　　图3-2-89　大小变化

（3）倾斜变化：因为基本形的倾斜或排列变化，在人的视觉中会产生一种空间旋转的效果，所以，旋转也会给人一种空间深度感，如图3-2-90所示。

（4）弯曲变化：弯曲本身就具有起伏变化，因此，平面形象的弯曲会产生深度的幻觉，从而形成空间感，如图3-2-91所示。

图3-2-90　倾斜变化　　　　　　　　图3-2-91　弯曲变化

（5）投影效果：由于投影本身就是空间感的一种反映，所以，投影的效果也能形成一种视觉上的空间感，如图3-2-92所示。

（6）面的连接：在平面中，面的连接可以形成体，而体本身就具有空间实体感和立体感，所以，面的连接可以产生视觉上的空间感，如图3-2-93所示。

（7）面的交错：两个面相互交叉，两个面的二维性质就会因它们的交叉转为三维空间性质，视觉上的前后关系也由此产生，如图3-2-94所示。

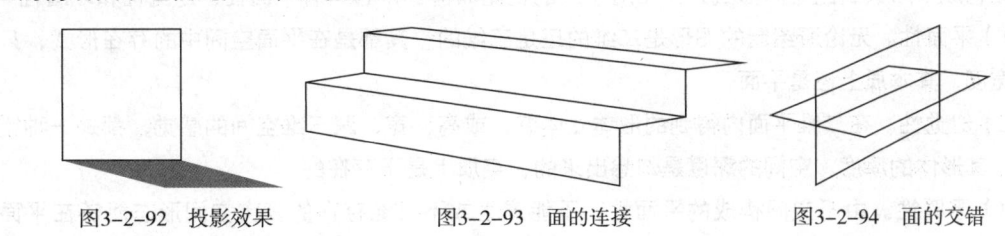

图3-2-92　投影效果　　　　图3-2-93　面的连接　　　　图3-2-94　面的交错

（8）疏密渐变：点或线的疏密渐变可以产生空间感，它们间隔越小、越密，感觉就越远，如图3-2-95所示。

（9）平行线的方向改变：改变排列平行线的方向，会产生类似三次元的幻象，如图3-2-96所示。

图3-2-95　疏密渐变　　　　图3-2-96　平行线的方向改变

（10）色彩变化：暖色和冷色相比，暖色更具有向前迫近感，冷色更具有距离感。所以，利用色彩的冷暖变化可以产生空间感，如图3-2-97所示。

（11）肌理变化：粗糙的表面使人感到接近，细致的表面则使人感到远离。因此，肌理的变化也可以产生远近的空间感，如图3-2-98所示。

图3-2-97　色彩变化　　　　图3-2-98　肌理变化

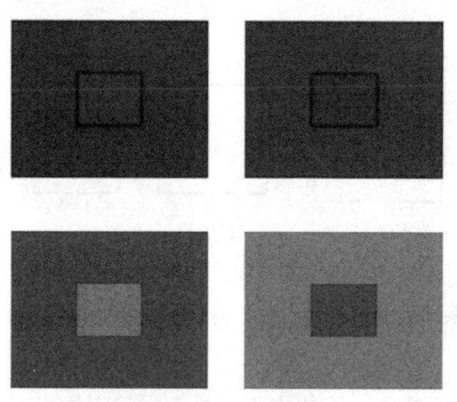

2. 空间构成的特点

平面构成中所谈到的空间形式，是相对于人的视觉而言的，它具有平面性、幻觉性和矛盾性。

（1）平面性。无论所绘制的图形是二维的还是三维的，其都是在平面空间中的存在形式，只有长度和宽度，其本质上还是平面。

（2）幻觉性。在二维平面内得到的形体立体感，或高、宽、深三维空间的感觉，都是一种错觉和幻觉，其形体的厚度、空间的深度是幻想出来的，实质上是不存在的。

（3）矛盾性。由于空间构成的平面性，不能产生或不可能存在的真实空间形态能够在平面上表现出来，即在平面设计中采用平行透视和多点透视相结合的方法，故意违背透视原理，有意地制造出同视觉空间毫不相干的矛盾图形，这种独特的空间形式往往能够产生意想不到的矛盾性视觉效果。

3. 空间构成的分类

（1）平面空间。平面空间即二维空间，是通过平面形象来表达的，形象与画面平行，没有厚度，也没有前后之分。平面上并列形象的大小比例发生变化，并不影响空间的深度。平面上的"图"与"底"或正负形就是二维空间图形，如图3-2-99所示。

（2）透视空间。正常的透视是由人们长期观察自然界物体的视觉经验总结而成的，被用于绘画、设计等多个领域，符合人的视觉规律，如图3-2-100所示。

图3-2-99　平面空间　　　　　　　　　图3-2-100　透视空间

（3）矛盾空间。矛盾空间是指在二维空间内通过错误的透视，表现出违背视觉规律的形式，只能表达在二维空间内，无法在真实世界中还原。例如，通过形与形之间的互相遮挡或透明产生的错误空间，如图3-2-101所示。

图3-2-101　矛盾空间

矛盾空间表现为以下几种形式。

①形体矛盾：利用平面的局限性及视觉的错觉，形体表现为现实中无法存在的空间。

②错位矛盾：将两条交叉的线或面在平面上无前后、方向、体积之分地进行排列，给视觉造成前后错位的幻觉。

③矛盾连接：利用不同的线在平面中的不定性因素，形成矛盾的连接，达到捉摸不定的视觉空间。

④超现实矛盾：借助超现实图形来创造矛盾的空间形态，用潜意识的意象形态来显示超现实的图形特征。

学习矛盾空间必须了解一位大师——荷兰科学思维版画大师埃舍尔。他不同于其他的绘画大师，在他的作品中充满了悖论、循环等理论，可以看到分形、对称等数学概念形象，兼具了艺术性与科学性。他的作品中还充满着幽默感和神秘感，大众从中感受到了惊奇，哲学家、科学家们从中体会到了深奥。埃舍尔从来没有被归入某一个艺术流派，他的作品甚至超越了很多现代艺术作品，在充满着数字化的今天，仍然是我们学习的典范，如图3-2-102所示。

图3-2-102　埃舍尔作品

空间构成样例参考如图3-2-103所示。

图3-2-103　空间构成样例参考

图3-2-103 空间构成样例参考（续）

九、肌理构成

  肌理是指物体表面的纹理或质感。在大自然中，不同的物体有不同的表面纹理和不同的质感，如鹅卵石的光滑、树干的粗糙、苔藓的湿滑、岩石的干涩等。这些物体的特定肌理都会带给人们不同的感受和记忆，这也是人们认知成长的一部分。

  运用肌理的构成方法进行平面构成，就是把物体的纹理或质感平面化、图像化，唤起人们对不同物质的记忆，从而产生干和湿、平滑和粗糙、软和硬等心理感受。肌理构成丰富了平面设计的表现形态，增强了作品的艺术表现力，使图形展现出更多的思想内涵和艺术魅力。

如图3-2-104所示，在这个摄影项目中，Zeren Badar探讨了摄影、绘画与拼贴之间的奇特关系，他将食物与一些简单的小物件堆放在价格便宜的名画印刷品上，通过阴影来增加层次感，通过折叠和褶皱来增加三维立体感，最后，放上大量的食物与小物件减少绘画的画面。我们对世界名画很熟悉，而Zeren Badar正是将这些我们所熟知的东西重新排列组合，通过不同的肌理创造出一种新的艺术。

如图3-2-105所示，将巨大的广场地面设计成波浪形的鹅卵石路，凹凸不平的路面与平整的地砖形成了肌理对比，给人带来亲切、朴实和自然的视觉感受，满足了生活在大城市人们渴望亲近自然、回归自然的心情。同时，曲线造型增强了广场的形式美感。

图3-2-104　摄影师Zeren Badar艺术作品"意外"系列　　图3-2-105　葡萄牙里斯本的Rossio广场

1. 肌理构成的概念

肌理是指物质表面的纹理与质地特征。物体表面的肌理不仅反映其外在的光滑与粗糙的程度，还反映其内在的材质特性。以肌理作为构成的练习即为肌理构成。

按照肌理的形成因素，肌理可分为自然肌理和人工肌理两类。

（1）自然肌理。自然界的天然肌理称为自然肌理，如植物、沙漠、山、水等。自然肌理可以给人不同的感受，有平滑、粗糙、软、硬、光泽与无光泽等千姿百态的物质特征，使肌理之美在自然界生态环境中淋漓尽致地表现出来，如图3-2-106所示。

（2）人工肌理。自然肌理虽然很美，但有时为了设计需要，还须由人工有意识地制造肌理。人工肌理多借助工具、机械、计算机等加工手段产生，富于秩序与技术之美，如图3-2-107所示。

图3-2-106　自然肌理　　图3-2-107　人工肌理

按照人的视觉与触觉感知因素，肌理又可分为视觉肌理和触觉肌理。

（1）视觉肌理。肉眼可以直接观察和感受到的肌理称为视觉肌理，如人造装饰板、水墨画等。这些肌理的特征主要表现在材料构成与纹理的变化上，触觉感是平滑的，如图3-2-108所示。

（2）触觉肌理。在感知视觉肌理的基础上，抚摸有凹凸起伏之感的肌理称为触觉肌理，如粗糙的动物毛皮、浮雕等，给人以强烈的视觉感和触觉感，如图3-2-109所示。

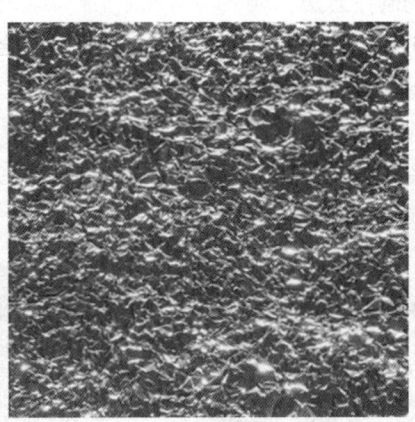

图3-2-108 视觉肌理

图3-2-109 触觉肌理

2. 肌理构成的特点

（1）有些肌理具有真实性。这些肌理不是因视错觉而产生的，而是通过触摸可以实际感受到的。

（2）有些肌理具有模拟性。这些肌理通过某种手段，将实际的肌理再现在平面上，依靠产生肌理的视错觉或某种幻觉，从而达到以假乱真的模拟效果。图3-2-110中的叶子是拓印出来的，它逼真地模拟出了树叶的肌理。

（3）有些肌理具有抽象性。这些肌理是按照原有物体表面的肌理特征，根据特定要求进行调整和处理的，使其抽象化和符号化，如图3-2-111所示。

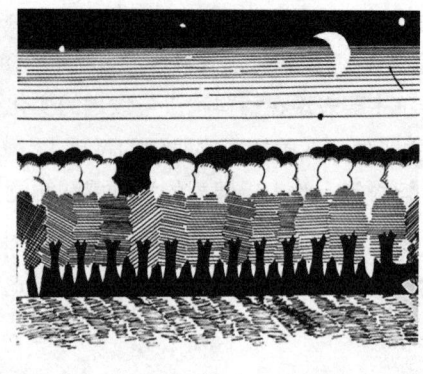

图3-2-110 树叶肌理　　　　　　　图3-2-111 抽象肌理

3. 肌理的制作方法

现代社会新型材料与技术不断发展与丰富，肌理材质的开拓成为时尚的标志，因此，在做肌理构成时，要乐于选用新材料，敢于尝试新技法，且不断开拓新技法，不拘于传统造型的束缚，下面介绍几种常用的平面肌理的制作方法。

（1）描绘法：直接用手或采用辅助工具在纸上描绘，描绘的肌理可以是有规律的，也可以是无规律的；可以是模拟的，也可以是抽象的。使用或干或湿的笔触，干湿程度不同，得到肌理的效果也不同，如图3-2-112所示。

（2）喷溅法：用水彩或水粉颜料调成浓度较稀的液体，甩或喷在画面表面，也可用小刀刮牙刷的方法得到喷溅的肌理效果，如图3-2-113所示。

图3-2-112 描绘法　　　　　　　图3-2-113 喷溅法

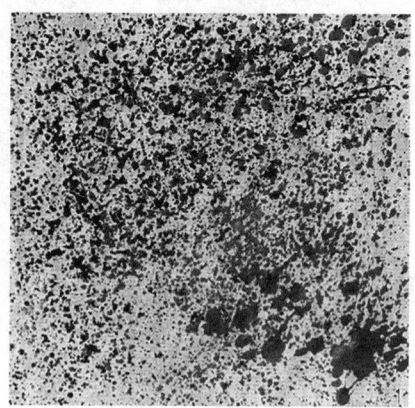

（3）渍染法：在清水中慢慢滴入几滴墨汁，轻微搅拌后，水与墨形成没有溶解的、有纹理的状态；然后用宣纸、棉纸等吸水性较强的材料浸入其中，稍作停顿，水墨纹理便吸附在纸上；取出纸平铺晾干，便形成肌理，如图3-2-114所示。

（4）印拓法：用凹凸不平的实物，或将白纸揉皱后，涂上油墨或染料，盖或印在设计纸上，形成肌理，如图3-2-115所示。

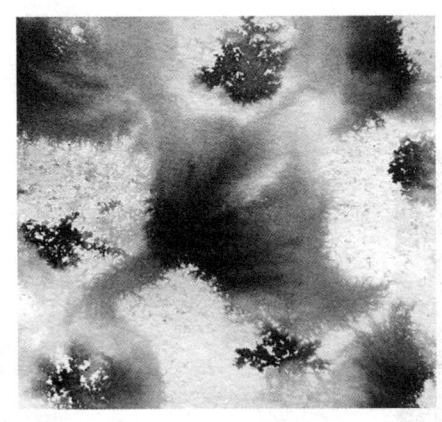

图3-2-114 渍染法　　　　　　图3-2-115 印拓法

（5）熏炙法：对纸进行有设计的燃烧，得到燃烧的痕迹，或经过火焰的熏炙得到烟迹，这些燃烧后的痕迹和烟迹，在设计表面也能形成肌理，如图3-2-116所示。

（6）撕贴法：使用不同材质的材料，利用撕、搓、拧、拼贴等方式创造出肌理，如图3-2-117所示。

图3-2-116 熏炙法　　　　　　图3-2-117 撕贴法

（7）刮擦法：在已着色的物体表面，用刀、针等尖锐物件刮擦出各种线条或图案，或运用多层底色，刮、涂结合得到各种图案，如图3-2-118所示。

（8）滴色法：颜料在水分较多的情况下，滴落在纸面并溅开，形成肌理，如图3-2-119所示。

（9）蜡色法：用蜡笔、油画棒、蜡烛等材料先滴或涂在纸表面，然后刷上水性颜料，被涂过的地方颜色无法覆盖，从而形成特殊的肌理，如图3-2-120所示。

（10）盐与水色法：将食盐撒在未干的水彩上，食盐在溶解的过程中会吸收掉周围的颜色形成类似雪花状的小白点，产生特殊的肌理，如图3-2-121所示。

（11）混色法：用浓度较高的水粉颜料，在画面上堆积并搅动，使其自然混合产生肌理，如图3-2-122所示。

（12）自流法：将水分较多的颜料涂在较光滑的纸面上，将纸倾斜，使颜料流淌，或吹气使颜料流动，从而形成特殊的肌理，如图3-2-123所示。

（13）对印法：将浓度较高的颜料涂在较光滑的纸面上，然后用另一张纸与之对合，并用力压紧，打开后就会在两张纸上形成对称的肌理效果，如图3-2-124所示。

图3-2-118　刮擦法

图3-2-119　滴色法

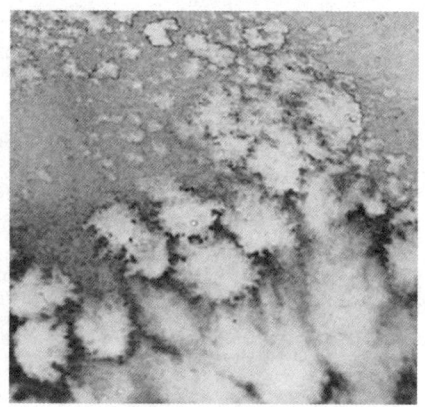

图3-2-120　蜡色法

图3-2-121　盐与水色法

图3-2-122　混色法

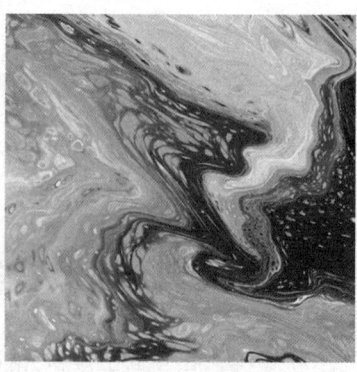

图3-2-123　自流法

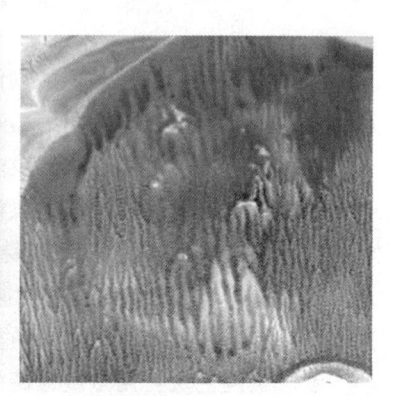

图3-2-124　对印法

肌理构成样例参考如图3-2-125所示。

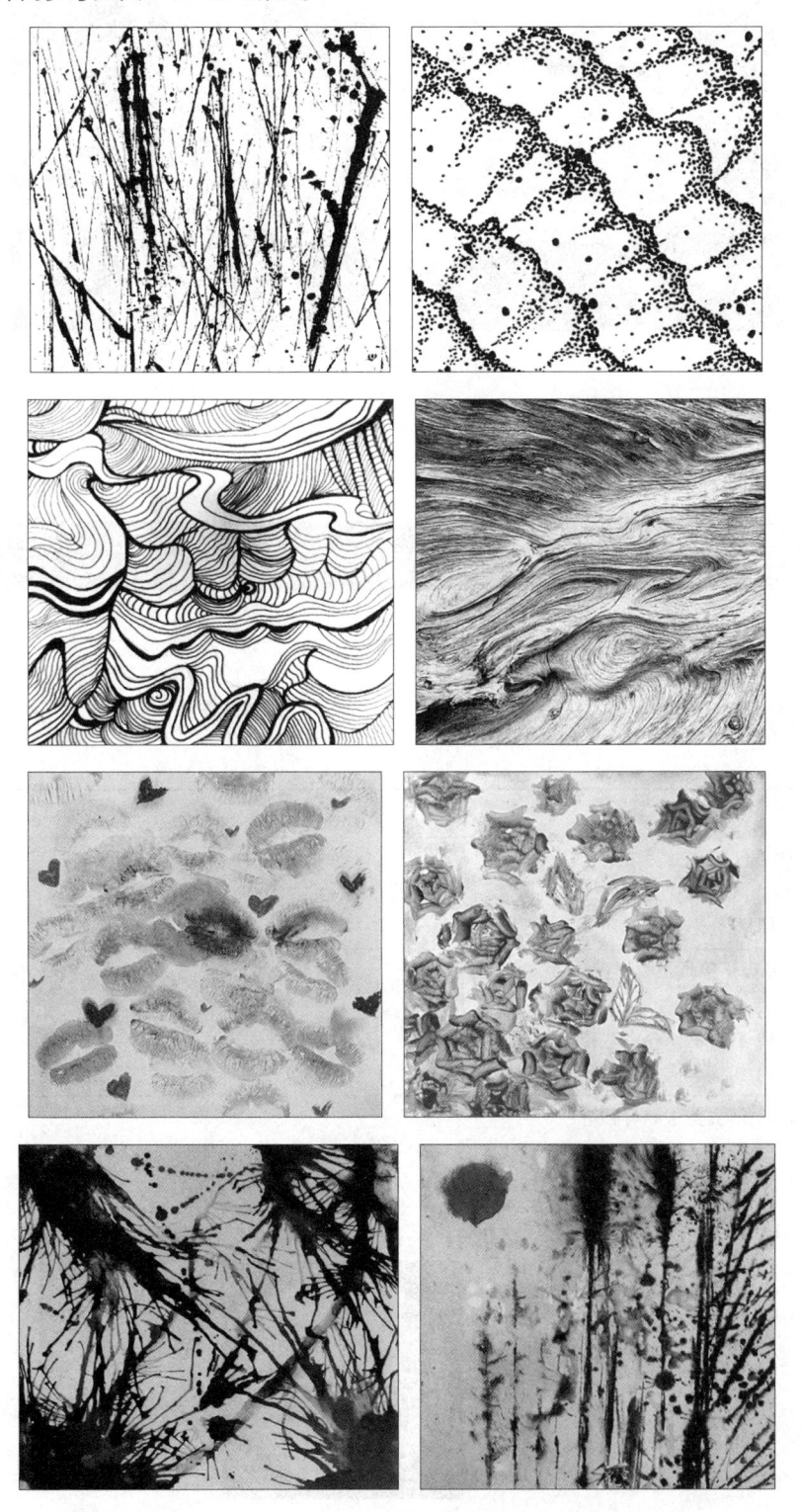

图3-2-125　肌理构成样例参考

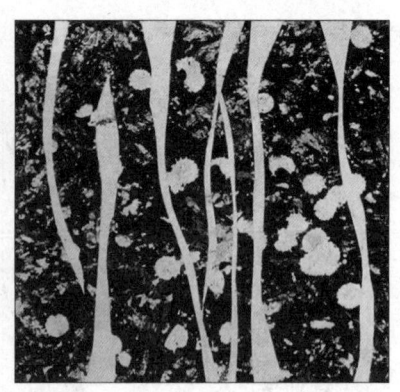

图3-2-125　肌理构成样例参考（续）

任务三　形式美法则

任务清单

任务名称	任务内容
任务目标	（1）了解形式美法则； （2）掌握形式美的规律； （3）结合形式美法则进行拓展创意
任务要求	准备以下工具及材料： （1）15 cm×15 cm的白色卡纸； （2）针管笔、马克笔若干； （3）铅笔、橡皮、圆规、格尺等辅助工具
任务思考	（1）形式美法则有哪些？ （2）形式美规律如何应用？ （3）如何运用形式美法则提升审美？
任务计划	请绘制以下内容： 任务预览

续表

任务名称	任务内容
任务实施	（1）在15 cm×15 cm白色卡纸的正中心位置，使用圆规绘制正圆，如图1所示。此处，注意正圆与纸张四周保留一定的距离，确保画面疏密有度，有一定的流通性。 （2）在正圆内绘制蝴蝶造型，确定画面的主视图位置及大小，采用对称形式，完成效果如图2所示。 （3）将正圆以外的区域用针管笔及马克笔填充黑色，使周边背景黑色与正圆内白色达到视觉上的相对均衡，如图3所示。 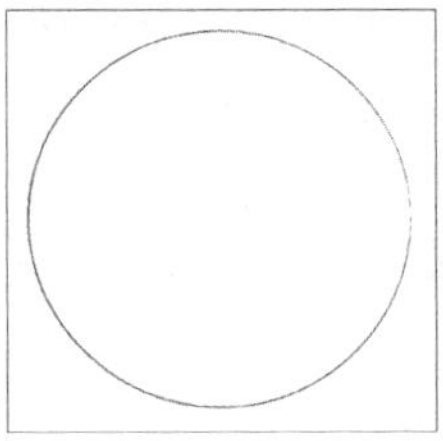 图1　绘制正圆形 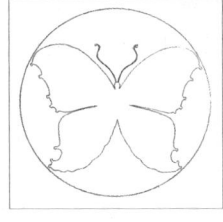　　图2　绘制蝴蝶造型 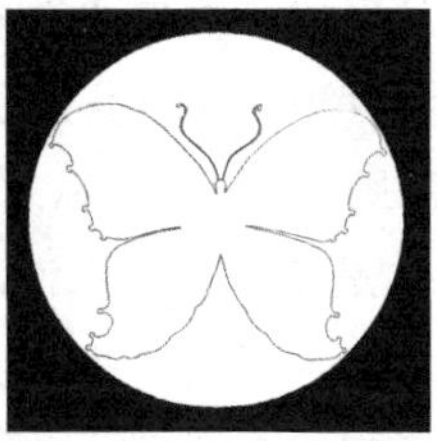　　图3　背景填充黑色 （4）在正圆内使用针管笔绘制由密到疏的点，营造出一种像磁场一样的视觉张力，使画面具有一定的节奏感，如图4所示。 （5）为蝴蝶造型填充内容，将蝴蝶造型分为四个部分，从左上部分开始依次绘制，采用点、线、面元素进行填充，由不同密度的点、不同方向的线，以及大小不一的面构成，效果如图5所示。 （6）按照上述绘制方法绘制出右半部分，左右内容等量不等形，使画面既对称又达到相对均衡，效果如图6所示。 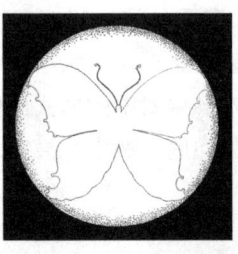 图4　绘制由密到疏的点 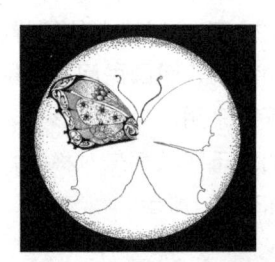　图5　用点、线、面填充蝴蝶左上部分翅膀 　图6　填充蝴蝶的右上部分翅膀 （7）同上，填充蝴蝶左下部分翅膀，效果如图7所示。 （8）填充蝴蝶右下部分翅膀，完成最终效果制作，画面整体呈现既对称又相对均衡；每个部分填充既有变化，又统一于画面的整体控制；点有疏密、大小，线有粗细、长短、方向，面有大小、虚实，使画面既有节奏又有韵律，最终效果如图8所示。  图7　填充蝴蝶的左下部分翅膀 　　　　图8　完成效果
任务总结	

知识要点

自然界中各种事物都有美的状态存在，它们往往蕴藏着极为丰富的美的因素，如海螺的生长结构符合数学秩序的规律性；向日葵的葵花籽生长结构从小到大、从中心向外渐次扩散，具有优美的比例关系和较强的韵律。

在现实生活中，人们由于经济地位、文化素质、思想习俗、价值观念等不同而有不同的审美追求。然而，单从形式条件来评价某一事物或某一造型设计时，我们会发现，对于美或丑的感觉大多数人都存在一种共识，这种共识是在人类社会长期生产、生活实践中积累的，它的依据就是客观存在的美的形式法则。

设计的目的是追求美，无论从宏观上还是微观上看，美存在于世界的任何一个角落，也存在于人的头脑之中。学习设计就是学习如何去发现美，去把握美的规律。形式美的法则是在人类创造美、追求美的过程中逐渐总结出来的规律与秩序，对于设计学科，它历来都是一个重要的课题，在本书中将其概括为以下几点。

一、对称与均衡

中国汉代画像砖上的图案构成，唐代铜镜上的纹样构成，我国传统的建筑，特别是宫殿、庙宇，欧洲中世纪哥特式教堂门窗的布局，我国民间结婚用的双喜字，新年时家家户户大门上贴的对联，以及一些奖章、标徽的设计等都采用了对称的形式。在自然界中对称的形式也随处可见，如人的身体构造，从五官的位置到人的躯干四肢都是对称的，蝴蝶的翅膀、树木、果实、花卉的生长结构都呈现出对称的形式美感，如图3-3-1所示。

图3-3-1 自然界中的对称

对称与均衡在构成事物外形及组合规律上具有自己的审美特性，自然界中无数的事物都具有对称特性，对称还包含着人们对事物的感受，即平衡。严格来说，平衡的范畴要大于对称，对称体现对等，必然体现平衡，而平衡有时候却不一定是对称。事物占据着不同空间、大小，以及位置、色彩浓淡对比等，也能使不对称的事物之间体现出平衡。

对称是均衡的一类，而均衡并非对称的翻版。对称指的是以轴线或中心点为基准，以镜面反射的形式生成完全一致的镜像图像。对称的形式给人以稳定的心理感受，是最初的形式美，例如昆虫的身体、人的外形，再如一些建筑、室内陈设等均遵从于对称的形式。如图3-3-2所示，凡尔赛园林的对称式布局，是以轴对称的形式给人一种极为稳定的形式，象征着庄严、肃立，但有保守之感。

图3-3-2　凡尔赛园林的对称式布局

均衡是指一件不对称的事物，通过其他元素的影响而趋于平衡，看起来不会向一边倾斜的状况。这并非实际重量的均衡关系，而是根据图像的形状、大小、轻重、色彩、材质的不同而作用于视觉判断的平衡。平面构图上通常以视觉中心（视觉冲击最强地方的中点）为支点，各构成要素以此支点保持视觉意义上的力度平衡。如图3-3-3所示，蒙德里安的作品《红黄蓝》中，红色是画面的中心点，然后在画面的上方和左边采用不同大小的方格和色彩，使画面保持视觉平衡。如图3-3-4所示，左右结构的文字，其左右两边也不会是绝对的对称，笔画间会有细微的变化，但会给人以均衡的感觉。如图3-3-5所示，该广告作品通过外形、空间、色彩等元素达到平衡感，其形式比对称更加活泼、生动。

图3-3-3　《红黄蓝》　蒙德里安　　　　图3-3-4　文字的均衡

图3-3-5　均衡式的广告作品

对称是构图中心轴两边的形态相同并等量，视觉内的重量、体量、色彩等要素完全相同。如图3-3-6所示，中心线的上下、左右或周围配置同形、同量、同色的纹样，组成图案。

均衡是数量相当的不同形态，在杠杆原理的基础上相互牵制而达到平衡。如图3-3-7所示，中轴线上下、左右的纹样等量不等形，即分量相同，但纹样不同，根据中轴线或中心点保持力的平衡。

图3-3-6　对称纹样　　　　图3-3-7　均衡纹样

二、变化与统一

变化与统一是美的形式法则中的第一原则，也是所有艺术形式需要遵循的法则，重复、渐变、变异等构成形式,都是在变化与统一的基础上形成的。

变化体现了事物与事物之间的不同,在共性中体现差异,包括形式与色彩多个方面。变化为一幅设计作品带来了突破与创新,设计师们所追求的正是这种个性体现。

统一则体现了事物整体之间的共性,以及它们之间存在的内在联系。任何一种变化都是建立在统一基础之上的,没有统一,设计就会杂乱无章。如图3-3-8所示为我国青花瓷纹样及瓷瓶造型设计,通过形态的大小变化、造型的走势变化进行组合排列,既统一又有变化,这些变化均统一于画面的整体控制。

图3-3-8 我国青花瓷纹样及瓷瓶造型设计

例如,界面设计会不可避免地有多个图标共同显示在界面中,各个图标均使用方形或圆形,有近似的形状,但在大小、色彩、位置、图形设计中又有着细微的差别,这样在整体中体现出差别,正是变化与统一形式美的体现,如图3-3-9所示。

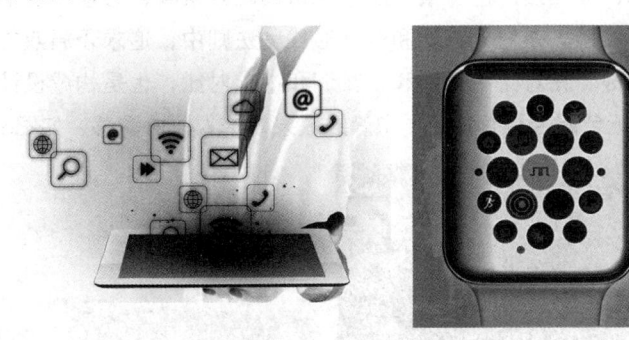

图3-3-9 界面设计

适度的统一与变化是形式美感的关键。统一体现了单纯的美,变化体现了繁复的美,只有将两者协调起来,使它们关系融洽、比例适度,才能体现出大统一、小变化,或整体统一、局部变化的设计美感。构成设计中的变化与统一,主要是通过对比与调和的手法来实现的。它们具体体现在对造型、构图、色彩、肌理、表现方法,以及风格特征等方面的处理上。

三、对比与调和

1. 对比

对比是指两个事物通过元素之间的差异来产生视觉上的对比效果。对比，使造型要素之间的矛盾加强，使画面充满变化，具体表现形式有以下几种。

（1）形体对比：繁与简、曲与直、大与小、长与短、高与低、粗与细、宽与窄、厚与薄、方与圆、凹与凸、尖锐与圆润等对比。

（2）材质对比：软与硬、轻与重、固体与液体、新与旧、透明与不透明、粗糙与光滑、干燥与湿润等对比。

（3）色彩对比：色相对比、明度对比、饱和度对比、大小对比、位置的集中与分散对比等。

（4）方向对比：水平与垂直、左与右、前与后、正与斜、上与下等对比。

（5）疏密关系对比：疏密关系处理得当，可以增加立体关系的空间层次感，突出画面的主从关系。在进行构成设计时，可以从数量的多与少进行构成，以产生视觉上的主中心、次中心或多重视点。

（6）实体与空间的对比：实体给人以封闭、厚实和沉重感，空间给人以通透、轻巧、空灵感。实体与空间的对比在三维空间构成中有着重要的作用。太空旷的空间会让人有空荡和虚无的感觉，太拥挤的空间又会让人有逼仄、憋闷的感觉，正确处理好实体与空间的关系，让实体与之所处的空间相适应，才能使构成作品具有美感。

2. 调和

调和是指事物的相同性，是造型要素的一致重复，使造型要素相互之间达到统一、和谐的美感。形体的相似、材质的统一、色彩的和谐、方向的一致、手法的齐一，诸多现象均是调和的主要因素的体现，体现了秩序、稳定、整齐划一的美。然而，如果过于强调调和，则会使作品流于呆板、单调和乏味。因此，除在形、色、量、质中保持共同因素外，必须使它们之间保持一定的变化因素，带有相互对比的关系。在对比与调和这一形式美法则中，追求矛盾双方的平衡状态，是使作品显得紧凑而丰富的关键。在对比中求调和，在调和中求对比，也是构成设计中必须遵循的重要原则，如同类色配合与邻近色配合具有和谐、宁静的效果，给人以协调感，如图3-3-10所示。

图3-3-10　自然界中的调和

对比是在矛盾中趋向于"异"，突出事物中互相对立的因素，令人感到强烈的刺激和冲突；调和是在矛盾中趋向于"同"，强调事物的共性，使人有协调、平和的感觉，是在变化中保持一致。如图3-3-11所示的克里姆特绘画作品，当方形为主要构成元素时，圆形就显得较为突出，圆形的弧线减弱了方形的坚硬感。

如图3-3-12所示的比亚兹莱插画作品，左图用大面积黑色衬托白色主体人物，背景中细密的白色线状花纹打破了黑色单一的沉闷；右图则相反，以白衬黑，两个人一大一小、一正一背的对比既突出主要人物，又增添了画面的生动性。

图3-3-11　克里姆特绘画作品　　　　图3-3-12　比亚兹莱插画作品

四、比例与分割

达·芬奇指出："美感完全建立在各部分之间神圣的比例关系上，各特征必须同时作用，才能产生使观众如醉如痴的和谐比例。"可见，比例与美有着密切的联系，比例中包含着数学的秩序。

比例是指造型中整体与局部，或局部与局部之间相对的尺寸和面积。世界理应是一个和谐的、井然有序的物象环境，为了融入其中，我们所设计、制造的东西必须遵从同样的设计法则。优秀的艺术作品正是源于并遵守这种规律的创造而具有良好的比例关系，以此确保它们稳定美感的状态，这是构成艺术形式美的最基本的，也是最重要的要素之一。

分割是指对事物体量的切割分离，在平面构成中是对画面进行的切分，它可以是对画面中单个图形的分割，也可以是对画面中多个构成元素组合的分割。分割形式包括等形分割、等量分割、比例分割和自由分割，如图3-3-13所示。

在自然界中可以发现，很多物体都有自己的比例，例如，松树上的松果，大海里的贝壳，互生及对生的花叶，串状的花朵等，一般认为黄金分割的比例最能引起人的美感。在生活中，书籍、报刊等设计物，大多采用这种比例。比例美是人们视线的感觉，不同的比例分割会使人产生不同的感受，如端庄、朴素、大方等。

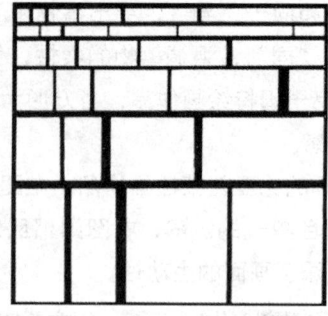

图3-3-13 分割形式

一般情况下，比例关系越小，画面就越有稳定感；比例关系越大，画面的变化就越强烈，不容易形成统一，如图3-3-14所示。

图3-3-14 动漫设计中用夸张的比例来凸显角色的个性

正确把握和熟练应用适度的比例关系，不仅反映了一名艺术家稳定的创作水平，同时也可以显示出艺术家在审美理论上的造诣程度。"适度为美"就是对准确把握美的尺度的精练诠释，当把握好尺度要求时，作品就有美感和生命力。比例造型的组成按一定规律作阶梯式的逐渐增加称为"渐变"。渐变是构成设计中常用的比例，是根据一定的数列得到的。常用的比例有黄金分割比例、三原形体比例、等差数列比、等比数列比、根号数列比、调和数列比、斐波那契数列比和贝尔数列比等。

德国数学家阿道夫·蔡辛曾说："宇宙之万物，不论花草树木，还是飞禽走兽，凡是符合黄金律的总是最美的形体。"黄金律即黄金分割比例，是最常用且最著名的比例关系。黄金分割比例在数学上的定义：若将一整体分为两部分，较大部分与较小部分之比等于较大部分与较小部分的和与较大部分之比。设A>B，则A∶B=（A+B）∶A，它们的比例大约是1.618∶1或1∶0.618，近似等于8∶6的关系。推出这一理论的是古希腊数学家毕达哥拉斯，他以此来解释按这种关系创造的建筑、雕塑等艺术形式美的原因。最早运用黄金分割比例的古埃及人设计了金字塔。胡夫金字塔的斜长与金字塔的地中心点到边缘的距离之比刚好是1.618 04，古希腊建筑也是建立在这种比例关系之上的，如图3-3-15所示，雅典的帕特农神庙就是数学与艺术相结合最经典的例子。在这座举世闻名的建筑中，无论是整体与局部之间的关系，还是局部与局部之间的关系，都体现出这种明确的黄金分割比例。

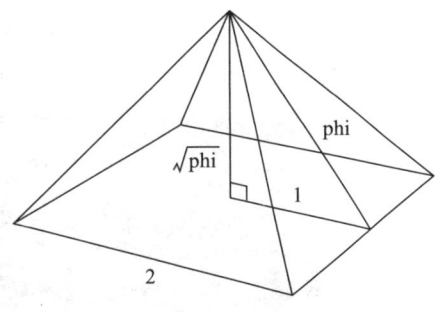

图3-3-15　胡夫金字塔　埃及

希腊雕刻家波利克里托斯是"黄金分割"学说的忠实执行者，著有论述人体比例的《法则》一书，提出了头与身长的标准比例是1∶7，并体现在自己的作品《持矛者》中。同是古希腊著名雕塑家的利西普斯不仅继承和发展了前人的传统，还创立了人体美的一种新标准，即头和身体的比例为1∶8。因此，他作品中的人物显得修长而优美，增加了人体视觉的高度。雕塑《米洛斯的阿芙洛蒂忒》（又称《断臂维纳斯》）的比例即接近于利西普斯所追求的人体美比例，如图3-3-16所示。

黄金分割比例在建筑、艺术、社会生产和生产工艺上广泛应用，在人体、自然界及军事中也可以找到大量的例子，如窗户的长宽比、大多数书籍的开本和报纸的幅面比等。在自然界中，许多生物和植物结构中也包含着这种神奇的比例关系。人是自然进化的最高境界，人们本能地将自身作为美的化身加以崇拜，而人体结构中有许多比例关系接近黄金比例。例如，在理想的人体上，往往是以肚脐为分割，下半部分与上半部分的比例关系正好是8∶5的比例关系。头和面部也存在着这种关系，即从发际到下巴和从下巴到眼外眦，从下巴到眼外眦和从下巴到鼻翼，从下巴到口裂和从下巴到鼻翼，以及面宽与双眼外眦的间距、口裂和鼻底宽的间距等，也几乎是8∶5的比例关系。所以，凡是符合黄金分割比例的事物，在人的心理经验中就会产生美感，这也是黄金分割比例被广泛运用于各种设计的原因。

图3-3-16　雕像《断臂维纳斯》

五、节奏与韵律

节奏是有规律性的重复。节奏在音乐中被定义为"互相连接的音,所经时间的秩序";在造型艺术中,节奏则被认为是反复的形态和构造。在图案中,图形按照等距格式反复排列,做空间位置的伸展,如连续的线、断续的面等,就会产生节奏。韵律是节奏的变化形式,它将节奏的等距间隔变化为几何级数的间隔,赋予重复的音节或图形以强弱起伏、抑扬顿挫的规律变化,从而产生优美的律动感。如图3-3-17所示,梯田也是节奏的一种表现。在不同的高度,梯田的排列形成了疏松与紧密、宽与窄、高与低等变化,这些变化就形成了节奏中的韵律。

图3-3-17 梯田形成的节奏与韵律

节奏强调重复性,例如,图形的大小、虚实、疏密、色彩等的反复交替,呈现出的形式即节奏感。韵律是指整体的感觉具有一定的韵味,此起彼伏如行云流水般富有美感。对比来说,节奏更加单调,而韵律则富有变化,韵律比节奏更有趣味性,也更有感染力和表现力,如图3-3-18、图3-3-19所示。

图3-3-18 室外景观的节奏与韵律

图3-3-19　建筑外观的节奏与韵律

如图3-3-20所示，天津滨海图书馆的中庭设计为"书山"和"滨海之眼"造型。其中，"书山"的造型是一层层白色的阶梯和真假图书交错重复，重复中又自然地以波浪状铺开，使整个空间充满了重复的节奏和变换的韵律，既营造了一种音乐般的美感，又体现了"书山有路勤为径""书籍是人类进步的阶梯"的设计内涵。

图3-3-20　天津滨海图书馆中庭设计

项目四　初识色彩构成

🔍 知识目标

1. 掌握色彩的基本知识及色彩构成的原理。
2. 理解色彩、构成、色彩构成之间的关系。
3. 了解如何在实际设计项目中,应用色彩以增强视觉效果和情感表达。

🔍 能力目标

1. 能够运用色彩理论和构成原则,通过色彩增强作品的视觉冲击力。
2. 能够根据设计的需求和目标,应用恰当的色彩方案,进行有效的色彩搭配。
3. 能够结合实际案例,分析和评估色彩应用的效果。

🔍 素质目标

1. 培养对色彩的敏感度和审美判断力,提高个人的艺术表达和创作水平。
2. 通过色彩学习和实践的过程,增强创新思维、问题解决能力和项目管理能力。
3. 理解不同文化背景下色彩的意义和应用,促进多元文化的理解和尊重。

任务一　认识色彩构成

任务清单

任务名称	任务内容
任务目标	（1）认识并应用色彩的基本属性； （2）探索色彩搭配和组合； （3）激发创意思维和表达
任务要求	（1）根据任务给出的图形图案在Photoshop软件中进行填色练习； （2）准备笔记本计算机、Photoshop软件； （3）使用Photoshop软件中的"油漆桶"工具进行填色
任务思考	（1）色彩有哪些属性？ （2）如何进行色彩搭配与组合？ （3）怎样选择色彩？不同色彩有哪些不同的感受？
任务计划	请对下图（九宫格）依次进行填色练习： 任务预览

续表

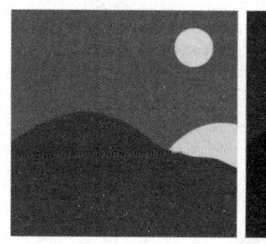

任务名称	任务内容
任务实施	（1）依次在规定的图形图案中，使用Photoshop软件中的"油漆桶"工具进行填色，注意色彩搭配美观，具有视觉美感，如图1所示。 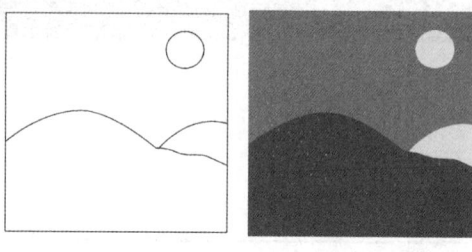 图1　填色（一） （2）在使用Photoshop软件中的"油漆桶"工具进行填色时，注意每个单元格内的色彩搭配需要有所改变，形成多样的色彩组合，如图2所示。 图2　填色（二） （3）依次完成所有单元格填色任务，在填色的过程中思考：怎样选择色彩？不同色彩搭配在一起会有哪些不同的感受？如何进行色彩的组合与搭配？如图3所示。  图3　填色（三）
任务总结	

一、色彩构成概述

1. 认识色彩

在艺术和设计的世界里，色彩不仅仅是视觉感受的一部分，也是一种强大的表达工具，能够传达情感、创造氛围，甚至影响人的心理状态。色彩构成的研究是探索如何有效运用色彩来增强视觉沟通的艺术和科学。在深入掌握色彩理论之前，首先需要对色彩有一个基本的认识，了解它的本质和作用。

色彩源于光源照射物体并被人们的眼睛所感知的结果。它既有客观的物理属性，又有主观的心理效应。在艺术创作和设计实践中，色彩的运用远远超出了简单的美观装饰，它关乎作品的整体表达，能够引导观者的视线、调动情绪，甚至还能传达文化和哲学的含义。

认识色彩，意味着要理解其组成元素——色相、饱和度、明度，以及这些元素如何相互作用以创造出无限的色彩变化。更进一步，色彩构成涉及如何将这些色彩以和谐、对比、平衡的方式组合在一起，以达到特定的视觉和情感效果，如图4-1-1所示。

图4-1-1 多彩多姿的热气球

2. 色彩构成

色彩构成起源于20世纪初的德国包豪斯设计学院，是学院设计色彩课程的内容之一。当时的包豪斯设计学院教学改革，将构成内容融入基础训练中，强调形式和色彩的客观分析，并以此指导与提升设计思维。但是，当时的艺术设计体系并不清晰、完整，而色彩构成的指导方向主要应用于基础教学，因而色彩构成对艺术设计的针对性并不十分清晰，但系统而专业的色彩研究唤醒了人们对于色彩重要性的关注与认识，如图4-1-2所示。

图4-1-2　色彩构成（植物）

色彩构成是视觉艺术和设计中的一个核心概念，它涉及色彩的选择、搭配、组合及应用，旨在通过色彩的有意安排来增强视觉效果和表达意图。色彩构成不仅是一种技术过程，更是一种艺术创作的策略，它基于色彩理论的原则，通过对色彩元素和色彩关系的深入理解与创造性运用，来实现特定的视觉和情感目标。

色彩构成主要注意以下几个方面。

（1）色彩的基本元素：包括色相（颜色名称，如红、黄、蓝等）、饱和度（色彩的纯度或强度）、明度（色彩的亮度或暗度）。

（2）色彩的组合原则：如色彩调和（通过相近色或相似色的组合，创造和谐感）、色彩对比（通过对立色、互补色等对比强烈的组合，吸引视觉注意）、色彩平衡（通过色彩的分布和比例达到视觉平衡）等。

（3）色彩的情感和象征意义：不同的色彩能够激发人的不同情感反应和象征意义，如红色常象征热情和力量，蓝色则给人以宁静和信任的感觉。

学习色彩构成的意义在于以下内容。

（1）强化视觉效果：恰当的色彩搭配和构成可以使视觉作品更吸引人、更具有表现力。

（2）传递情感与信息：色彩是强有力的非语言交流工具，能够有效地传递创作者的情感和信息，影响观众的心理感受。

（3）塑造视觉空间感：色彩的对比、渐变等技巧，可以用来塑造空间感，创造出深度、层次和焦点。

（4）体现文化特性和个人风格：不同文化背景下对色彩的理解和应用各不相同，色彩构成也可以反映出创作者的个人风格和审美倾向。

色彩构成不仅是艺术和设计领域的基础知识，更是创作过程中不可或缺的一部分。通过对色彩构成的学习和实践，创作者能够更加深刻地理解色彩的力量，更加自如地运用色彩来表达自己的创意和思想，如图4-1-3所示。

图4-1-3　学生作业

3. 色彩、构成与色彩构成三者之间的关系

色彩、构成与色彩构成是艺术设计中的三个紧密相关的概念，它们相互作用，共同决定了一个设计作品的视觉效果和表现力。

（1）色彩。色彩是视觉艺术中的基本元素之一，是光的属性，人的视觉可以感知不同波长的光作为不同的颜色。色彩学是艺术设计中的重要领域，包括色彩理论、色彩心理学和色彩美学等多个方面。

（2）构成。构成是指在平面或三维空间内，通过对形状、面积、肌理、空间等视觉元素进行组织和布局，来创造出有意义、具有美感的整体。构成是艺术和设计领域中的一项基本技能，它关注的是如何将单个元素安排在一个空间内，使之达到既定的艺术效果和功能要求。

（3）色彩构成。色彩构成是指在设计和艺术创作过程中，将色彩与构成相结合，运用色彩理论来优化视觉元素的布局。色彩构成不仅关注色彩选择，还关注色彩在作品中的分布、比例、关系和互动。它可以影响观众的视觉体验，引导观众的视线流动，强调作品的重点，甚至还可以传达特定的情感和信息。

二、色彩的形成原理

色彩的形成原理是色彩构成中的基础知识，它涉及光学、物理和心理等多个领域。在色彩学中，色彩的形成原理主要基于光的性质和人类视觉感知的特点。

1. 光与色

生活中到处都充满着各种色彩，但颜色究竟是什么呢？

色彩事实上是以光为媒介的一种感觉；是人眼在接受光的刺激后，视网膜的兴奋传达到大脑中枢而产生的感觉；是光作用于人眼而引起除空间属性外的视觉特性。色彩与光密不可分，没有光就没有颜色。

在一个完全黑暗的房间里，红色的苹果、黄色的香蕉、绿色的蔬菜，都是隐性物体。在黑暗的地方不是看不到颜色，而是没有颜色，因此，看到颜色的第一个条件是光。如果没有观察的物体存在，也看不到颜色，因此，呈现颜色的物体是必要的，即看到颜色的第二个条件是物体的存在。人们对于颜色的感觉取决于大脑对由眼睛传来的信号解析，也可以说是光作用于人眼的视觉特征。如果没有眼睛和大脑之间的信号解析，即便有光和物体，也是没有颜色的。所以，看到颜色的第三个条件是正常的视觉器官——眼睛。

光线—物体—眼睛是构建了感知色彩的三个条件，被称为色觉三要素。这三个条件缺少任何一个，人们都很难感知色彩。

1666年，英国物理学家牛顿做了一个非常著名的试验——光的色散，揭示了色彩产生的原因，也确定了光和色的关系。他把白色日光从夹缝引入暗室中，并使阳光穿过三棱镜投射到白色墙面上，结果三棱镜将白光分离成红、橙、黄、绿、青、蓝、紫七色，如同彩虹般的秩序感令人惊艳，如图4-1-4所示。

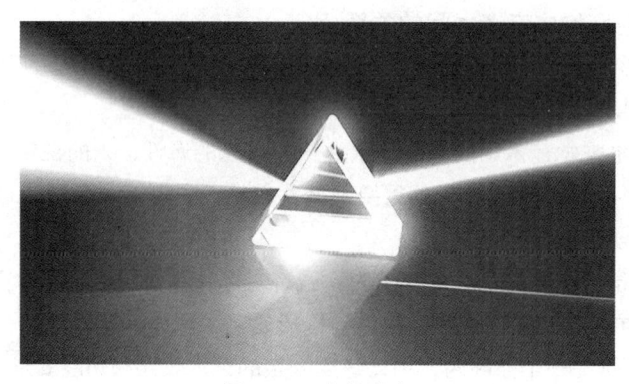

图4-1-4　色散试验

2. 物体与物体色

色彩的形成与光密不可分。在自然界中，光是由不同波长的光谱组成的，当光照射到物体上时，物体会吸收某些波长的光，反射或透过其他波长的光。人眼感知到的色彩，就是物体反射或透过的这些光波所形成的。因此，人们看到的色彩实际上是光的直接表现，如图4-1-5所示。

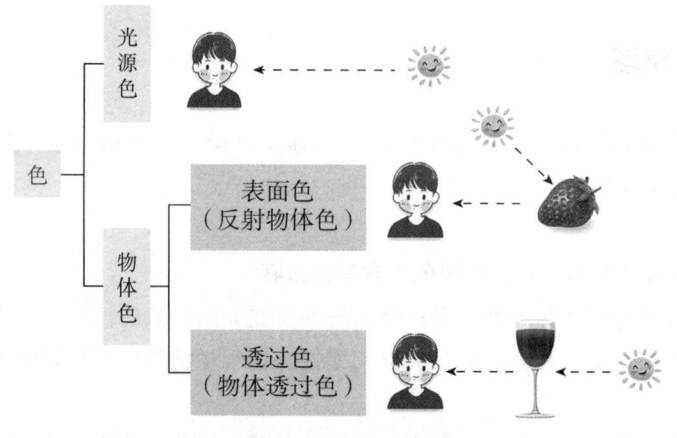

图4-1-5　光源色与物体色

（1）物体色的定义。许多物体本身不发光，而是从照射的光里选择性地吸收了一部分光谱波长的色，人们所看到的色彩是剩余的色光，这就是物体的颜色，简称物体色。

（2）物体色的产生。各种物体之所以呈现出不同的颜色，其根本原因就是物体对光具有选择性地吸收反射、透过的特性，即物体本身的光谱特性是物体产生不同颜色的主要原因。当光照射在物体上时，入射的光谱能量部分被反射，部分被吸收和散射，部分透过。因此，透明物体的颜色主要由透过的光谱成分决定，不透明物体的颜色则取决于其反射的光谱组成。

对于反射而言，由于光入射的界面性质不同，会形成不同的反射现象。当平行光线射到光滑的表面上时，反射光线也是平行的，这种反射叫作镜面反射或正反射；当平行光线射到凹凸不平的表面上时，反射光线射向各个方向，这种反射叫作漫反射。镜面反射和漫反射都是遵循光的反射定律产生的。

各个物体都具有选择性吸收、反射、透过色光的特性。以物体对光的作用而言，大体可分为不透明物体呈现的表面色和透明物体呈现的透过色。

①表面色：对于不透明物体而言，白色光照射到物体时，光谱的一部分被吸收，剩余部分就变成有色光被反射出来。这种反射光射入人的眼睛中，使物体看起来是有颜色的。根据照射的物体不同，光的吸收量和反射状态是不同的，物体也随之呈现出各种颜色。

②透过色：对于透明或半透明物体受到光的照射时，一部分光反射到物体表面，另一部分光被物体吸收，剩下的光会穿透物体。其颜色是由它所透过的色光决定的。红色的玻璃之所以呈现红色，是因为它只透过红光，吸收其他色光的缘故。

任务二　色彩的应用

任务清单

任务名称	任务内容
任务目标	（1）尝试解析色彩构成的原理； （2）识别和解释如何运用特定的设计方法与技巧来处理色彩； （3）分析设计作品如何应用色彩构成进行色彩搭配
任务要求	根据给出的设计师作品，分析色彩应用与色彩搭配效果

续表

任务名称	任务内容
任务思考	（1）如何通过色彩属性来增强视觉效果？ （2）如何利用色彩搭配来提升作品的整体和谐感？ （3）设计作品中的色彩有哪些象征意义？
任务计划	请尝试用色彩构成的角度，分析下面设计作品色彩使用效果。 《日本舞蹈》　田中一光　1981年
任务实施	作品简介： 《日本舞蹈》，是1981年为美国亚洲表演艺术展创作的海报，又译作《艺伎舞蹈》，是田中一光最具代表性的作品，也是他将日本传统艺术转化为20世纪后期现代设计的完美案例。该作品用"纯粹平面、纯粹二维、纯粹造型"的样式向世人宣告"新时代的日本设计造型"的诞生。这张海报也成为田中一光广为人知的标志。 色彩应用分析：这幅图像展示了一个具有强烈几何形态和鲜明色彩对比的设计作品。下面从色彩应用的角度对该作品进行分析。 （1）色彩使用。该作品采用了基础的色彩，如红、蓝、绿，以及中性色调的黑、白、灰。这些颜色的使用形成了强烈的视觉对比，尤其是红色和蓝色，它们分属于色相环上的暖色和冷色，能够吸引观众的视觉注意力。 （2）色彩构成。 ①平衡与对比：图像中的色彩构成，表现了对平衡和对比的考虑。红、蓝、绿三种饱和度高的颜色与黑、白、灰的中性色调形成对比，突出了图像中的每个色彩。 ②视觉中心：作品的视觉中心是中间的白色区域，其中包含有两个红色的圆形元素，这在视觉上创造了焦点。白色的使用放大了红色的视觉影响力。 （3）几何构成。该作品利用直线和尖锐的角度来分隔不同的色块，创造了一种动态和节奏感。这些线条和形状的安排加强了色彩的视觉效果，使整个作品看起来既有秩序，又有动感。 （4）文化元素。图像上方的文字"Nihon Buyo"指的是日本的传统舞蹈，这暗示着色彩的选择受到了日本文化的影响，其中，红色和白色是日本国旗的颜色，在此有所体现。 这幅作品是色彩构成和视觉设计的绝佳示例，展示了如何通过色彩、形状和文化元素的巧妙融合，创造出一个既有视觉冲击力，又富有内涵的设计。通过这些元素的结合，设计师传达了特定的情感和文化信息，同时在视觉上保持了一种清晰、有力的表达

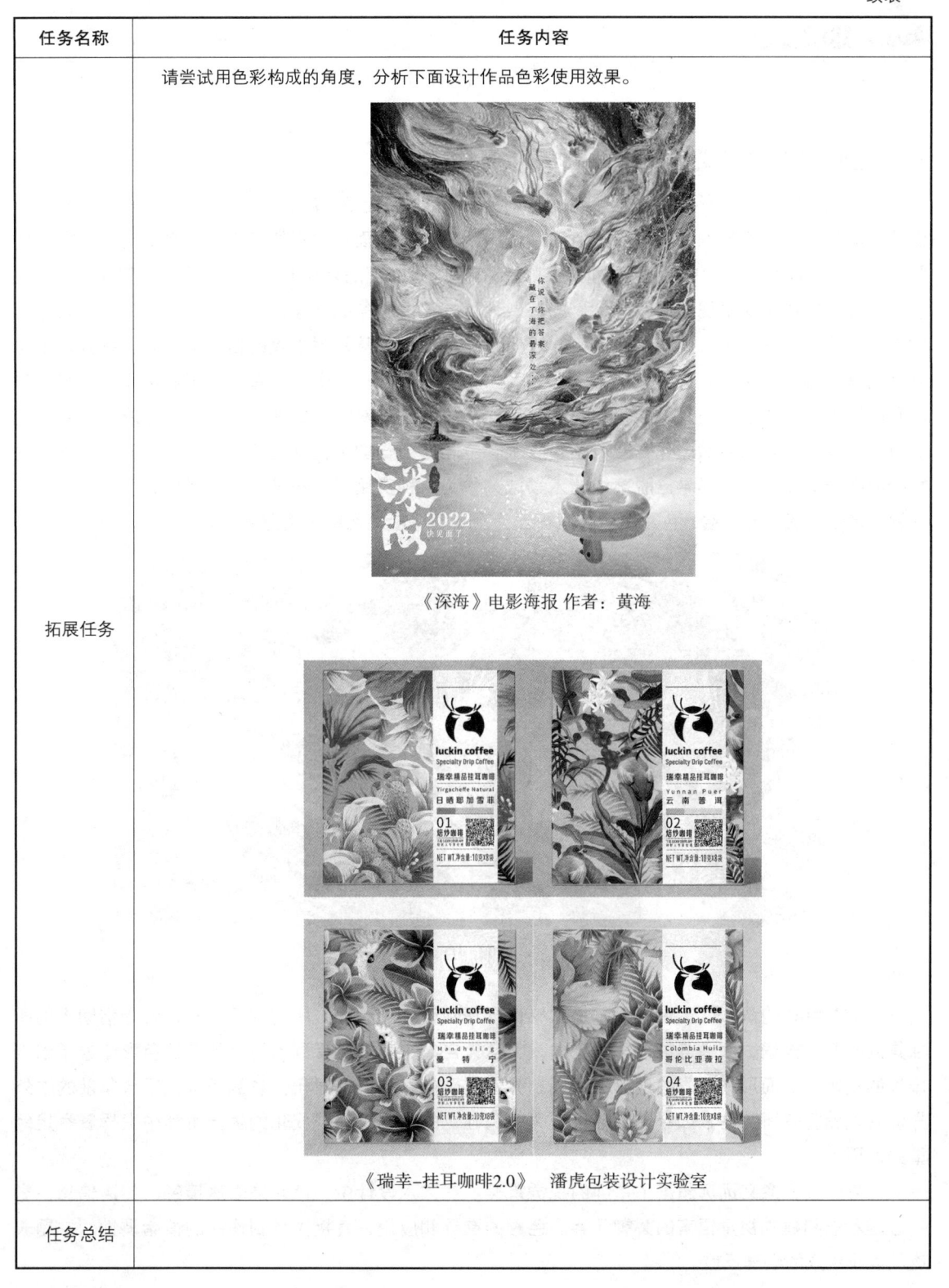

续表

任务名称	任务内容
拓展任务	请尝试用色彩构成的角度，分析下面设计作品色彩使用效果。 《深海》电影海报 作者：黄海 《瑞幸–挂耳咖啡2.0》 潘虎包装设计实验室
任务总结	

知识要点

一、色彩存在的意义

世界是彩色的，色彩是装饰生活空间的一个元素，然而色彩应用又是多变的。色彩的美感源于生活，人们生活在缤纷的色彩世界。色彩涉及生活的方方面面：时尚的色彩、自然的色彩、色彩的服饰、色彩的商品、色彩中的城市，时时刻刻都在影响着人们的外在形象、心情和生活环境。

自然的颜色不仅呈现春的明亮、夏的热烈、秋的深沉、冬的纯净，更多美不胜收的色彩带给人们不同的心灵感受。现代的科学研究资料表明，一个正常人从外界接收的信息90%以上都是由视觉器官输入大脑的，来自外界的一切视觉形象，如物体的形状、空间、位置的界限和区别，都是通过色彩区别和明暗关系得到反映的，而视觉的第一印象往往是对色彩的感觉。优秀的色彩运用者，能够将色彩运用得如同自然造化一般，使人叹服。色彩作为一切可视事物的重要表现形式，对事物的影响力在65%以上。色彩早已脱离纯艺术领域，作为一种实用科学技术被深入研究，并在生产和生活领域产生了极大的效益，色彩运用甚至被作为企业营销战略而被高度重视，如图4-2-1所示。

图4-2-1　可口可乐

人们对色彩的认识、运用过程，是从感性升华到理性的过程。所谓理性色彩，就是借助人们所独具的判断、推理、演绎等抽象思维能力，将从大自然中直接感受到的纷繁复杂的色彩印象予以规律性的揭示，从而形成色彩的理论和法则，并运用于色彩实践。对于色彩的研究，千余年前的中外先驱者们就已有所关注，如今色彩已经成为一门独立的学科，在现代化的生产生活中发挥着举足轻重的作用。

色彩的存在意义远远超出了单纯的视觉审美。在艺术设计中，色彩是表达情感、传达信息、影响心理状态和建立视觉语言的关键元素。色彩的选择和应用，直接关系到作品的情绪调性、主题表达，以及观众的心理反应。

1. 情感与心理影响

色彩能激发情感，例如，深红色常与激情和力量联系在一起，而蓝色则传递出平静和信任的感觉。设计师通过色彩的运用，可以在观众心中激起特定的情绪反应，从而加深作品的情感表达和心理影响。

麦当劳的标志性品牌色彩是红色和黄色的组合。红色代表着兴奋和饥饿感，能够快速吸引消费者的注意力；而黄色则通常与快乐、温暖和积极的情绪相联系，给人一种愉快、友好的感受。

红色促使快速决策和行动，鼓励人们快速点餐和进食；黄色则让人感觉愉悦，从而增强消费者的就餐体验。这种色彩搭配不仅提升了品牌的活力感，还从心理层面刺激了食欲，符合快餐店的高效经营模式，如图4-2-2所示。

图4-2-2 《麦当劳夏日海报》

2. 视觉焦点与引导

在视觉构成中，色彩可以用来创造视觉焦点，通过色彩的对比与饱和度的变化，吸引观者的注意力，引导他们的视线流动。这种方法在广告和界面设计中尤为常见，色彩构成成为引导用户视觉体验的有效工具。

Spotify在其UI按钮设计中使用醒目且生动的颜色，通过色彩吸引用户注意力，引导用户的是视线流动，这帮助用户更加轻松地使用界面进行操作，提升了产品的使用效率，如图4-2-3所示。

图4-2-3 Spotify界面设计

3. 文化与象征意义

色彩在不同文化背景中具有不同的象征意义。例如，白色在某些文化中是纯洁与和平的象征，而在其他文化中则可能代表哀悼。理解色彩的文化含义，对于确保设计作品跨文化交流的有效性至关重要。

在我国文化中，红色常常与喜庆、好运和力量联系在一起。如图4-2-4所示，"中国红"在餐厅空间设计中的应用象征着幸福和繁荣，令人恍若置身中式艺术殿堂，尽显我国传统文化之美。

图4-2-4　中国红火锅店空间设计

4. 品牌与身份识别

在品牌设计中，色彩是创建品牌身份和记忆点的关键因素。通过恰当的色彩搭配，设计师能够塑造品牌形象，使其在消费者心中留下深刻印象，如图4-2-5所示。

图4-2-5　星巴克咖啡品牌设计

星巴克咖啡的品牌和身份识别在很大程度上依赖于其独特的色彩使用。绿色在星巴克的品牌色彩中，代表着自然、新鲜和生机勃勃的特质。这与星巴克所提倡的高品质、源于自然的咖啡豆和环保理念相呼应，传达了其对可持续发展和环保责任的承诺，这在当今社会是一个极具吸引力的品牌价值。另外，绿色也是和谐与平衡的象征，暗示了星巴克试图为顾客创造放松和舒适的消费环境。

白色的使用，则增添了一种简洁和纯净的感觉，与绿色形成对比，进一步强化了品牌的环保和高品质信息。白色在星巴克的品牌视觉中起到了平衡和中和的作用，使绿色的使用更加突出，同时也使品牌形象更加清晰和易于识别。

色彩的使用在心理层面上与消费者建立了联系。绿色被普遍认为能够激发人们的情绪，使人感到放松和安心，这与星巴克试图营造的"第三空间"概念不谋而合。星巴克的门店设计、产品包装，以及营销材料中，这种绿色和白色的组合成了一种强有力的视觉信号，提示顾客即将进入一个舒适、放松的环境，享受高品质的咖啡和服务。

另外，星巴克的色彩策略也在品牌差异化中发挥了关键作用。在众多咖啡品牌中，星巴克通过其独特的绿色标志，成功地将自己与竞争对手区分开来，建立了强烈的品牌识别度。这种识别度不仅帮助星巴克在全球范围内扩张，也使其成为咖啡文化的一个重要标志。

二、色彩在设计中的应用

在设计领域内，色彩的运用远远超越了表面的审美装饰，它成了一种强大的沟通工具。设计师通过对色彩的深入理解和科学应用，能够在无声之中传达复杂的信息和情感，影响观众的心理状态，甚至改变他们的行为模式。色彩的力量源自其能够直接作用于人的感官，引发直觉反应和情绪变化，这种作用是跨文化和普遍存在的。

色彩的选择和搭配能够创造出特定的氛围和情感调性，这在品牌形象的塑造中尤为关键。一个精心挑选的色彩方案，不仅能够增强品牌的识别度，还能在消费者心中建立起品牌的情感联系。每种色彩都承载着特定的文化含义和情感价值，设计师通过对这些色彩意义的巧妙运用，可以使设计作品传达更加丰富和深刻的信息。在艺术和文化表达中，色彩作为一种强有力的视觉语言，能够跨越语言和文化障碍，直接触达观众的内心。艺术家和设计师通过对色彩的创造性运用，展现了色彩在表达个人情感、反映社会现象、传达文化价值中的无限可能性。色彩不仅能够增强作品的视觉冲击力，还能激发观众的情感共鸣，引发更深层次的思考。

总之，色彩在设计中的应用是多维度和深层次的，它通过不同的形式和手段，影响着设计的各个方面。设计师需要充分认识到色彩的重要性，通过对色彩的理论学习和实践，掌握色彩的科学应用方法，以便更好地利用色彩的力量，创作出能够触动人心、具有深远影响力的设计作品。

（一）色彩与视觉传达设计

色彩在视觉传达设计中的作用尤为重要，色彩能够快速传达信息、引导视线、影响情绪和感受。例如，红色常用于警告和禁止的标识，因为它能立即吸引人的注意力；而蓝色则给人以安静和信任的感觉，常用于医疗和科技品牌的设计。设计师巧妙地运用色彩对比、色彩和谐、色彩心理学，可以在不言之中传达出强烈的视觉信息和情感体验。

1. 色彩与平面设计

在平面设计中，色彩的对比与和谐是创造视觉冲击力的两大法宝。对比强烈的色彩，可以突出关键信息，吸引目光；而和谐的色彩搭配，则能营造舒适的观看体验，传递品牌的氛围和情感。设计师还需考虑色彩的文化含义，确保设计在不同文化背景下的有效沟通。

"Absolut Vodka"广告系列（图4-2-6）通过简洁的视觉语言和鲜明的色彩对比，创建了一系列视觉上极具辨识度的广告。这些广告中的色彩运用不仅仅是为了美观，更是为了强化品牌形象，通过色彩传递出品牌的年轻、活力和创新精神。

图4-2-6 "Absolut Vodka"广告系列

进行色彩搭配时，应注意以下两点。

（1）平面设计中的色彩搭配不仅应完成大众对艺术的欣赏，更要担负起传达信息的责任，使产品与消费者之间进行无障碍沟通。大多情况下，作品中的主体色彩以鲜艳、明亮居多，主体和背景之间的色差较大。而明度高的纯色和暖色，可以带来更强的视觉冲击力，更容易引起大众的注意。

（2）平面设计中的色彩运用虽然比较多样化，但并不是杂乱无章的，而是具有一定的规律性，可以通过不同色调的结合而变化出新的颜色，然后再合理运用过渡变化的手法，让整个作品的色彩在变化中又带有统一性。

2. 色彩与产品包装设计

产品包装设计中的色彩选择，对于吸引消费者、传达产品特性和增强品牌识别度至关重要。通过色彩，设计师可以引导消费者的注意力，传递产品信息，甚至影响消费者的情绪和购买决策。色彩在包装设计中的应用遵循心理学原理，利用色彩的情感和象征意义来与目标消费者建立情感连接。

在选择色彩时，设计师需要考虑目标市场的文化背景、产品定位，以及品牌形象，确保色彩的应用能够准确地传达出想要的信息和情感。另外，色彩的创新运用也是提升包装设计创意和吸引力的重要方式。

"Tiffany & Co.蒂芙尼蓝盒子"（图4-2-7）不仅是一个包装设计的成功案例，还是色彩品牌建立的典范。Tiffany Blue是品牌基因中不可或缺的一环，于1998年由Tiffany注册商标，由彩通配色系统（Pantone Matching System）标准化，确保颜色出现在Tiffany包装、设计和广告之时，颜色都是相同的。这个由彩通专为Tiffany定造的色彩"1837蓝"，以Tiffany & Co.成立的年份命名，也向创办人长远的远见致敬。蒂芙尼蓝的独特性和一致性，让这一色彩成为品牌的象征，深入人心。这种独特的色彩策略，使蒂芙尼产品即使在没有任何标志的情况下，也能被消费者一眼识别。

图4-2-7 Tiffany & Co.蒂芙尼蓝盒子

3. 色彩与书籍装帧设计

书籍装帧设计是将文本内容和视觉艺术相结合的过程，色彩在其中起到了至关重要的作用。通过色彩的运用，设计师不仅能够吸引读者的注意力，还能在无声之中传达书籍的主题和情感基调。色彩的选择需与书籍的内容、风格，以及目标读者群相匹配，以增强书籍的视觉吸引力和阅读体验。

色彩的应用不仅限于封面设计，还包括书脊、内页等元素的色彩搭配和设计，形成一个整体的视觉效果。合理的色彩搭配能够提升书籍的美学价值，同时也是品牌形象传递的重要组成部分。

Penguin Classics系列的书籍装帧设计（图4-2-8）以其简洁明了的色彩应用而闻名。每本书的色彩搭配旨在反映书籍的主题和内容，同时保持系列书籍之间的一致性和辨识度。这种色彩策略不仅使读者能够轻松识别出特定的文学作品，而且也提升了书籍作为物理对象的艺术价值。

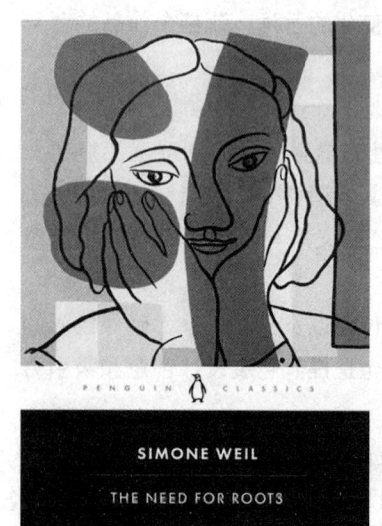

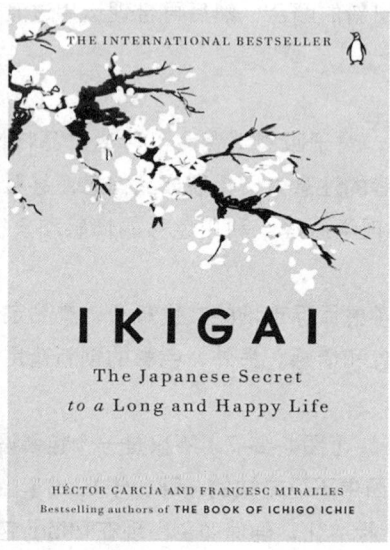

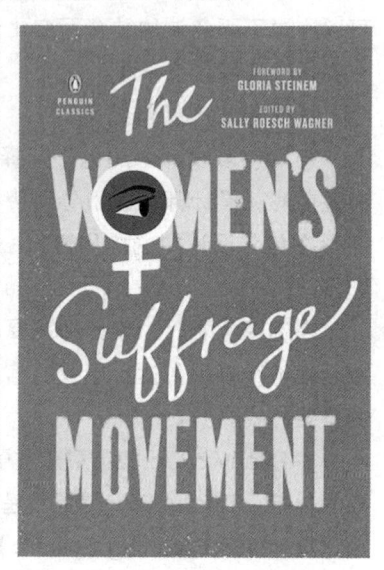

图4-2-8 Penguin Classics系列书籍封面

书籍装帧设计需要注意以下配色要点。

（1）在进行书籍装帧的配色设计时，首先应确定读者对象，然后结合图书内容来选择适合封面的主色调，使其与其他辅助色组成一个变化又统一的协调画面，给读者带来深刻的瞬间视觉冲击，有效吸引读者的视线。

（2）书籍装帧的配色应具有一个基本色调，通过主色与底色的各种搭配来表达情感。这种表达可以细分为主题色彩的集中表达、主题色彩的分散表达，以及多种色彩的集中表达。

（3）书籍封面的色彩不是孤立的，当确定了图书设计的主色调与色彩组合的基本定势以后，还应进一步研究表现封面基色、图形色调，书名、丛书名、作者名、出版社名、广告语等各种不同文字的色彩，以及各种色彩之间的主次、轻重、强弱、调和、对比等关系，以此来综合体现书籍所蕴含的情感意义。

4. 色彩与企业VI设计

企业视觉识别系统（VI）设计是企业品牌形象建设中的核心部分，而色彩作为VI设计中的关键元素之一，对于建立品牌识别度、传递企业文化和价值观具有不可替代的作用。色彩的选择和应用需体现企业的定位与品牌个性，同时，要考虑到色彩在不同文化中的含义，确保全球范围内的一致性和准确性。

在企业VI设计中，色彩不仅应用于企业标志、名片设计，还包括企业的宣传资料、产品包装、网站和空间布置等多个方面。通过这些不同的触点，色彩帮助构建起企业与消费者之间的情感联系，增强品牌记忆。

如图4-2-9所示为科威特工作室 StudioAIO 为当地幼儿园 Bamboo 提供的品牌VI方案。其Logo字母的跳跃排列强调趣味性，展现幼儿园寓教于乐的理念。从儿童玩具中提取了几何图形，童趣的色彩（蓝、绿、黄）搭配用于装饰。围绕主题延展的视觉体系简单、实用，图标的运用方便小朋友的识别。

图4-2-9 Bamboo幼儿园品牌VI方案

（二）色彩与工业产品设计

在产品设计中，色彩不仅能够增加产品的美观性，还能够影响用户的选择和使用体验。通过对目标用户群体心理的研究，设计师可以选择能够激发特定情感反应的色彩，从而提升产品的吸引力。例如，儿童产品设计中常用明亮鲜艳的色彩来吸引儿童的注意力，而高端消费品则倾向于使用简约的色调，以传达出品牌的优雅和奢华感。

1. 色彩与生活用品设计

在生活用品设计中，色彩是传达品牌价值、吸引消费者、影响产品使用体验的关键元素，除了考虑美观度，还应注意功能性色彩的表达——产品功能性色彩力求可以体现工业产品的使用特点与使用功能。设计师通过理解色彩心理学，可以有效地利用色彩来激发消费者的情感，满足他们的需求和期望。例如，使用温馨的粉色或柔和的蓝色，可以创造出放松和安心的氛围，适合家居装饰品和婴儿用品设计；而鲜艳的红色或黄色，则能激发能量和活力，适合运动装备和厨房用品。

如图4-2-10所示，这款婴童洗护产品的设计中，色彩的运用精心而细致，体现了色彩构成在产品设计中的重要性。从色彩的选择来看，新生芽绿源于从大自然中提取的色彩密码，给客户带来草木生机的色彩印象，象征初生婴儿天使般的纯净；一定比例天使粉的加入，使色彩中多了一份母爱与温柔，反差的搭配，营造了"初生天然天使呵护"的品牌氛围。

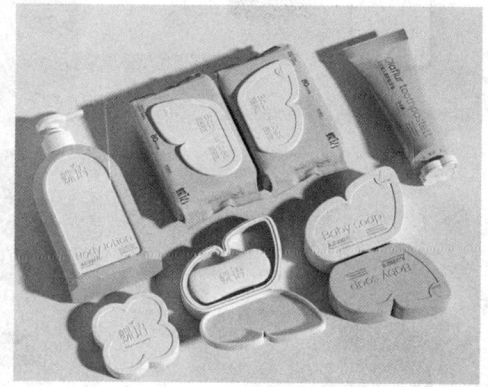

图4-2-10　婴童洗护产品设计　造物起异包装设计（图片来源：站酷）

设计师选择了柔和的粉色调和绿色调，这些颜色通常与温柔、安全和自然的感觉相关联，非常适合婴童护理产品，因为它们能够传达出产品对婴儿温和无害的品质。

粉色和绿色的温暖组合不仅符合目标用户群体的心理，即新生儿和新生儿的父母，寻求对孩子最好、最安全产品的愿望，而且这些颜色也很可能与现代育儿理念相协调，即选择更加自然、无添加的产品。

另外，使用这些特定的色彩还可以加强对品牌的识别度。这种柔和的色调组合在市场上的竞争产品中可能较为少见，能够使品牌在众多产品中脱颖而出。另外，这些颜色能够很好地反映出品牌的核心价值和产品的特性，如温和性、安全性和适用于敏感皮肤。

设计中的色彩、产品形状和图案的简约风格形成了和谐的统一，这种简约又不失温馨的设计风格，符合现代设计的趋势，同时也让消费者感到放心和舒适。通过这样的色彩使用，设计不仅仅传达了产品的实用性，更是传递了一种生活方式和护理理念，即温柔呵护和关注细节，这对于提升消费者的信任和忠诚度至关重要。

2. 色彩与交通工具设计

在交通工具设计领域，色彩的运用是一个综合艺术与科学的过程。设计师不仅需要考虑色彩的美学吸引力，还需要思考色彩如何影响用户的情绪、品牌形象的塑造，甚至是安全性。例如，亮黄色和亮橙色是最容易被人眼识别的颜色之一，因此，它们经常被用于紧急和安全相关的交通工具设计，如救护车、施工车辆等，以确保它们在道路上的高可见性。

对于商业品牌，特定的色彩可以成为品牌形象的核心部分，通过色彩可以强化品牌识别度和记忆点。以法拉利为例，它的标志性红色不仅是其赛车的颜色，也成为公众对法拉利品牌的即时识别。这种红色与速度、激情和高性能的汽车密切相关，成了法拉利品牌豪华和力量的象征，如图4-2-11所示。

图4-2-11　法拉利汽车

另一个案例是特斯拉（Tesla），其设计采用了简洁而现代的色彩方案，以银灰色、深蓝色和纯黑色为主，这些色彩不仅彰显了产品的高端质感和先进科技，还体现了特斯拉的品牌理念——创新和可持续性。特斯拉的设计理念倡导的是一种未来感和环保理念，这与其电动汽车的环保特性相得益彰，如图4-2-12所示。

图4-2-12　特斯拉汽车

在这些案例中，色彩的选择和运用都不是偶然的，而是经过精心设计和深思熟虑的结果。每种颜色的运用都在尽力平衡美学吸引力和功能性需求，同时，与品牌的核心价值和市场定位保持一致。通过这种方式，色彩不仅增强了交通工具的视觉冲击力，也加深了品牌形象在公众心中的印象，甚至还可能提高了用户的驾驶安全性。

3. 色彩与智能产品设计

在智能产品设计中，色彩的选择和应用至关重要，它不仅影响着产品的外观美感，更是产品功能性和用户体验的重要组成部分。设计师们通常会利用色彩来传达产品的技术特性、使用感受，以及品牌理念。

银色、灰色、深蓝色通常与高科技、精确性和专业性关联。这些冷色调给人的第一印象是先进和未来感，它们通常被用于那些强调技术创新和高性能的智能产品设计中。冷色调的色彩经常与清洁、明亮的界面相结合，这种设计策略可以提升用户对产品质量的信心和对品牌的正面感知。

例如，苹果公司的产品设计一直以来都是色彩运用的典范。iPhone和MacBook系列产品以其银色、灰色和黑色的使用，以及在某些型号中对更多色彩的探索，如深空灰色、玫瑰金色等，成功地传达了产品的高端定位和品牌的极简设计哲学。这些色彩不仅仅是为了视觉上的美观，更是为了与消费者建立情感连接，并传达出苹果产品的质量、可靠性和创新精神，如图4-2-13所示。

除苹果公司外，微软的Surface系列产品在色彩设计上也展现了其品牌的特色。Surface Pro和Surface Laptop采用了多种色彩选择，如宝石蓝、砂岩金等，这些鲜艳的色彩不仅能为产品增添活力，也展现了微软在产品设计上的多样性和年轻化的品牌形象，如图4-2-14所示。

图4-2-13 MacBook

图4-2-14 Surface Pro

在智能穿戴设备方面，Fitbit和Apple Watch等产品也通过色彩来强化个性化体验。它们提供了丰富的表带颜色选择，使用户可以根据自己的喜好和场合来定制个人风格，这种设计策略有效地提高了产品的个性化价值和市场吸引力，如图4-2-15所示。

通过以上案例，可以看到智能产品设计中色彩的应用是多元且细致的。色彩不仅传达了产品的功能性和科技感，而且还是品牌形象和用户体验的重要载体。设

图4-2-15 Fitbit智能手环

师通过对色彩心理学的了解和应用，能够更好地在市场上定位产品，并吸引目标用户群体。

4. 色彩与 UI 界面设计

在UI界面设计中，色彩不仅是美化界面的工具，它还在功能上扮演着至关重要的角色。色彩能够引导用户的注意力，传达信息的重要性，并且提升用户的操作直觉。设计师通过色彩可以创建清晰易懂的用户界面，从而提升整体的用户体验。

使用对比色是吸引用户注意到界面中的关键元素的最直接的方式，如按钮、图标或提示信息。高对比度的色彩组合可以让元素在视觉上脱颖而出，使用户的操作更加直观。例如，一个亮黄色的提交按钮在蓝色的背景上会非常显眼，促使用户采取行动。

互补色可以用来增强视觉效果，创造出平衡、和谐的设计。在UI设计中，互补色的应用可以用来区分不同的交互层次和功能区域。例如，蓝色与橙色的组合经常被用于链接和按钮，以区别于其他非交互性的信息。邻近色用来维持界面的整体和谐与统一感。这些色彩的渐变与过渡可以使界面看起来更加专业和精细。例如，使用不同明度的蓝色来区分应用内的不同模块，既能保持一致性，又能帮助用户区分功能区域。

谷歌材料设计（Google Material Design）是色彩运用的一个出色案例。它采用了鲜明的色彩、大胆的图形和有意义的动画来增强界面的可用性及吸引力。例如，谷歌材料设计中的浮动操作按钮通常采用鲜艳的颜色突出显示，引导用户进行主要操作，如图4-2-16所示。

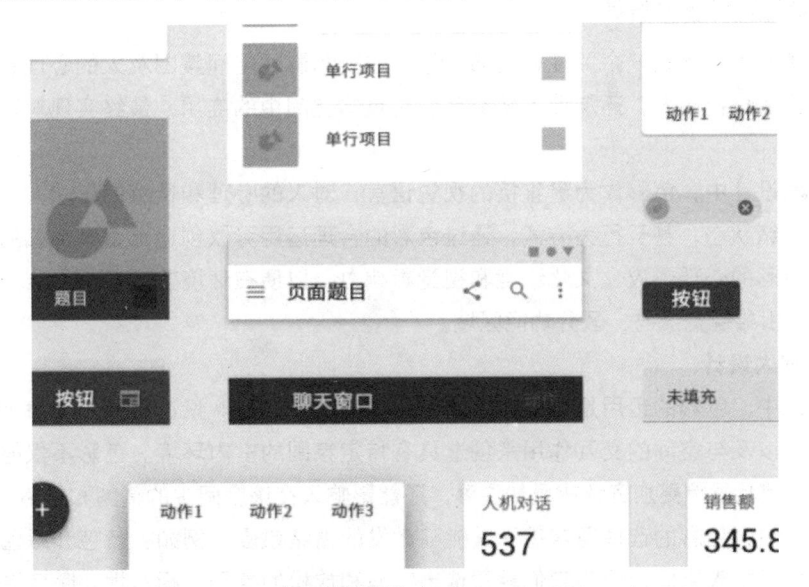

图4-2-16 谷歌材料设计（Google Material Design）

另一个案例是Adobe XD界面设计，它的用户界面采用了柔和的灰色调和蓝色调，为用户提供了一个不分散注意力的创作环境。当用户需要关注某个特定工具或功能时，这些工具的图标会通过颜色变化来吸引用户的视线，如图4-2-17所示。

在进行详细分析时，设计师和产品团队应该深入研究目标用户群体的色彩偏好，考虑文化背景和色彩心理学，并通过迭代设计和用户测试来优化色彩的应用。色彩不但能改善界面的外观，而且能提升用户的操作效率和满意度，从而影响产品的成功。

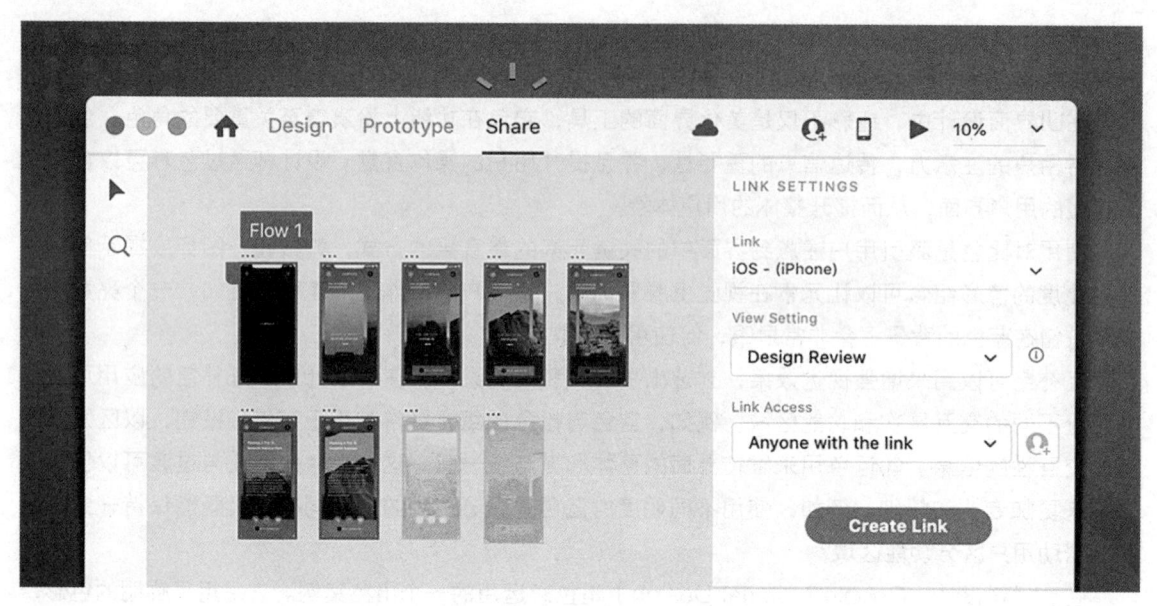

图4-2-17　Adobe XD界面设计

（三）色彩与环境艺术设计

色彩与环境艺术设计是一个关注如何通过色彩改变和影响空间氛围及人的心理感受的领域。它从色彩基本理论的探讨出发，逐渐深入研究色彩在具体空间中的应用，最终实现对环境的艺术化改造和提升。

在环境艺术设计中，色彩作为最直接的视觉语言，对人的心理和情感的影响力是巨大的。色彩能够影响人的情绪状态，甚至行为方式，通过色彩的合理运用可以创造出富有情感的空间环境。设计师需要理解色彩的心理效应、文化语境和视觉影响力，以便在环境艺术设计中恰当地运用色彩，创造空间氛围、引导视觉流向、区分功能区域。

1. 色彩与室内设计

在室内设计中，色彩的运用是塑造空间感受的核心元素之一。设计师通过考虑色彩的心理学效应、文化含义，以及与空间的交互作用来创造具有特定氛围的室内环境。色彩不仅能改变一个空间的视觉感受，如使其显得更加宽敞或更加温馨，还能影响人在该空间中的情绪和行为。

在室内设计中，色彩的选择通常基于其能够激发的情绪效应。例如，蓝色和绿色等冷色调，常用于卧室和浴室等私人空间，因为它们能营造出宁静和放松的氛围。相对地，暖色调如红色、黄色和橙色，由于它们能够激发温暖和活力的情感，更适用于餐厅和客厅等社交空间。色彩对空间的视觉尺寸感知也有显著的影响，例如浅色调，特别是白色和米色，能反射更多光线，使空间看起来更加明亮和宽敞；而深色调，则吸收光线，给人一种更加紧凑和封闭的感觉。这种特性使色彩成为调整小空间视觉感受的有力工具。

如图4-2-18所示，隈研吾的设计作品常常强调与自然的和谐共处。在他设计的茶室中，运用自然木色和柔和的灯光，不仅反映了传统日式美学，也创造了一种静谧而温馨的空间感受。木色的温暖质感与光线的柔和照射，营造出一个适合冥想和放松的环境，体现了色彩在营造文化和情绪氛围中的深层应用。

隈研吾的茶室设计不仅在日本受到认可，也在国际上被广泛讨论。它展现了如何通过色彩和材料的选择及光线的运用来营造出一个能够引起深层情感共鸣的空间。通过这种方式，隈研吾的设计超越了单纯的视觉美感，触及了空间设计的精神和哲学层面。

2. 色彩与建筑设计

在建筑设计中，色彩的运用是一个复杂且深具意义的过程，它不仅是为了美化建筑外观，还是一种强有力的视觉和情感传达手段。设计师通过对建筑物的色彩策划，可以提升建筑的形象、传达特定的信息，以及增强建筑与环境的关联性。

色彩可以强化建筑的形态，提升结构的视觉效果。例如，明亮的色彩可以突出建筑的线条和轮廓，而柔和的色彩则可以使建筑融入周围环境中，创造和谐的视觉效果。在选择色彩时，设计师会考虑建筑的功能、所在的文化和地理环境，以及建筑材料的特性。通过这种方式，色彩不仅仅是建筑的装饰，更是其内在功能和外部环境相结合的体现。另外，色彩在建筑内部的应用也同样重要。它可以影响人们在空间内的行为和情绪，创造出不同的空间体验感。

图4-2-18　隈研吾的茶室设计

如图4-2-19所示，以巴西建筑师奥斯卡·尼迈耶（Oscar Niemeyer）的作品为例，特别是巴西利亚国家博物馆，它的设计利用了色彩的力量来强化建筑形态和提升视觉冲击力。巴西利亚国家博物馆的圆顶结构采用了纯白色，这种色彩选择不仅在蓝天的衬托下显得更为醒目，而且彰显了建筑的现代性。白色的使用在这里传达了一种纯粹和理性的美感，同时也提供了一个不受周围环境影响的视觉焦点。

图4-2-19　巴西利亚国家博物馆

尼迈耶的设计哲学常常强调曲线的使用和自然光的引入，这与他在色彩运用上的策略相辅相成。他的许多作品都展现了如何通过色彩和形态的结合来创造出具有标志性的建筑，这些建筑不仅在视觉上吸引人，还能在情感上引发共鸣。他的作品展现了色彩在建筑设计中的多重角色，不仅为了美观，还为了与建筑的形态、功能和环境相呼应，从而创造出真正意义上的环境艺术。通过这样的设计实践，可以了解到在建筑设计中，色彩既是表达工具，也是情感和文化的载体。

3. 色彩与景观设计

在景观设计中，色彩的运用是创造具有视觉和情感吸引力空间的重要工具。设计师通过对自然元素和人工结构的色彩搭配，能够提升环境质量，引导人的视觉和行为，以及影响人的情绪和心理体验。在这个过程中，季节的变化、不同时间段的光线条件，以及环境的社会文化背景都是影响色彩选择和搭配的重要因素。

色彩在景观设计中的应用不仅限于植物的选择，也包括了铺装材料、户外家具、照明设备，甚至艺术装置等。这些元素的色彩不仅要和谐统一，还要能够适应四季变换带来的视觉变化。

在景观设计中，色彩运用的一个突出案例就是新加坡的滨海湾花园（Gardens by the Bay）。这个创新的公园项目通过其独特的植物、壮观的超级树（Supertree Grove）和未来感十足的温室设计，展示了色彩在现代景观设计中的重要作用，如图4-2-20所示。

图4-2-20 新加坡的滨海湾花园

滨海湾花园不仅是新加坡的一个标志性景观，还是一个全球闻名的城市绿化项目。该项目通过高科技和自然元素的结合，展现了人与自然和谐共存的理念。在色彩的应用上，滨海湾花园展示了如何通过精心规划和设计，将色彩与自然、建筑、科技相融合，创造出独一无二的视觉体验。

超级树是滨海湾花园中最具标志性的设计元素之一，这些巨大的垂直花园在白天以其绿色植被展现了自然的繁茂，而到了夜晚，通过LED灯光的变化呈现出各种色彩，营造出梦幻般的氛围。色彩的变化不仅增强了超级树的视觉冲击力，也吸引了众多游客前来观赏。

通过滨海湾花园的案例，可以看到色彩在景观设计中的多重作用：从提升空间美感，到创造情感体验，再到增强环境的功能性。这个项目成功地展示了如何将色彩运用于大型公共空间，通过自然和人工元素的结合，创造出一个既可持续又具有吸引力的环境。滨海湾花园的设计强调了色彩在连接自然、科技和人类体验方面的重要性，为未来的景观设计提供了宝贵的启示和灵感。

三、色彩心理

（一）色彩的性能

1. 色彩的前进性与后退性

在日常生活中，我们常常可以体验到，由于色彩的不同，造成的空间远近感也不同。看起来比实际空间距离更近的色，被称为前进色；反之，则称为后退色。从色相角度来考虑色彩的远近感，一般认为黄色、红色等暖色类是前进色，而蓝色是后退色，如图4-2-21所示。从明度上来说，明亮的色彩看起来比浓暗的色彩要显得近一些。还有人认为色的前进性、后退性与波长有关，即长波长的色彩比短波长的色彩具有前进性。简单地说，这是由于单色光的折射角不同使人眼产生了某种调节，正是这个调节使色彩产生了前进、后退的感觉。

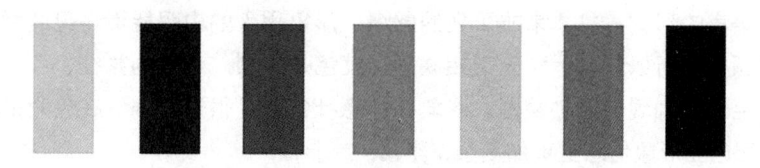

图4-2-21 色彩的前进色与后退色

晶状体有着将光线折射到视网膜上成像的作用。红光、蓝光等单色光的折射角，往往随着暖色的红到冷色的蓝，也就是光从长波向短波移行的同时慢慢增大。肉眼在注视红色物体时，由于眼睛的调节作用，晶状体变形增厚使光线的折射角比在注视蓝色物体时的角度要大，视网膜上的结像也比蓝色要靠前。因此，人会感到红色向前，蓝色靠后。所以，我们常把红色称为前进色，蓝色称为后退色。

2. 色彩的膨胀性与收缩性

在同等色彩面积的条件下，看起来比实际面积更大的色，被称为膨胀色；反之，为收缩色。一般前进色是膨胀色，后退色是收缩色。色彩的前进与后退是视觉进深的概念，而色彩的膨胀与收缩则与视觉感性面积相关。

（1）同样面积的暖色比冷色看起来面积大，如图4-2-22所示。

（2）明亮的色比灰暗的色显得面积大。
（3）在色彩的相对明度问题上，"底"色的明度越大，"图"色的面积越小。

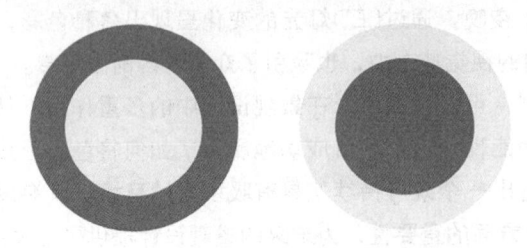

图4-2-22　色彩的膨胀色与收缩色

如果仅限于纯色，可以认为暖色的明度比冷色的明度要高，所以，暖色比冷色显得面积大。在黑暗背景上，高明度色彩的面积往往看起来比实际面积要大，其原因在于光渗透的作用。所以，在黑暗背景上作明度不同、面积相等的色彩处理时，要想取得同等大小的视觉效果，必须缩小大明度色彩的面积。

3. 色彩的轻重感

就像物体的质量是通过人体肌肉的紧张程度来感知的一样，有时因为心理作用的原因，对色彩的轻重判断与实际物体的轻重感并不一致。

一般来说，明度高的色感觉较轻，明度低的色则感觉较重。这种轻重的判断主要是受到色彩明度的影响。过去有种说法认为暖色类的色感觉重，冷色类的色感觉轻，但最近的研究结果表明，色相与色彩的轻重感并没有直接关系。纯度对轻重感虽略有影响，但不是决定性因素。

（二）色彩的形象

色彩是以非语言的形式，将本来非可视的感情、形象用人的肉眼能看得见的视觉形象来表现。红色是血与火的颜色，所以能与危险火灾相联系，红色是热烈、热情的象征，所以常常被用于与此相关的设计中，色彩所表现的这种情感、形象在信息社会中是很重要的。在色彩形象的世界里，多色配色要比单色配色在形象信息上更加复杂、丰富。

1. 单色形象

不同颜色可以代表不同的形象或感觉，见表4-2-1。

表4-2-1　不同颜色代表的形象或感觉

色名	代表的形象或感觉
红	华丽、强烈、活动、女性、都市、鲜艳、游玩
橙	欢喜、狂欢、洗练、热闹、行动、快乐、满足
黄	希望、清爽、摩登、年轻、快乐、柔软、愉快
黄绿	清新、田园、青春、摩登、幸福、和平、自然
绿	新鲜、理想、清静、安详、田园、青春

续表

色名	代表的形象或感觉
蓝	沉着、科学、理智、快捷、冷淡、细密、理想
紫	高贵、古风、雅致、潇洒、神秘、优雅、担心
白	清洁、神圣、纯真、浪漫、清新、漂亮、洁净
灰	坚硬、无聊、雅致、孤独、时髦、认真
黑	严肃、正式、庄严、机械、厚重、男性、压抑、夜晚

2. 多色配色的形象

与单色相比,多色更能体现出微妙的形象变化。如果在多色的基础上再加上色彩的面积比、色相比、主次色彩等技巧,则能形成更加丰满、完整的形象,如图4-2-23所示。

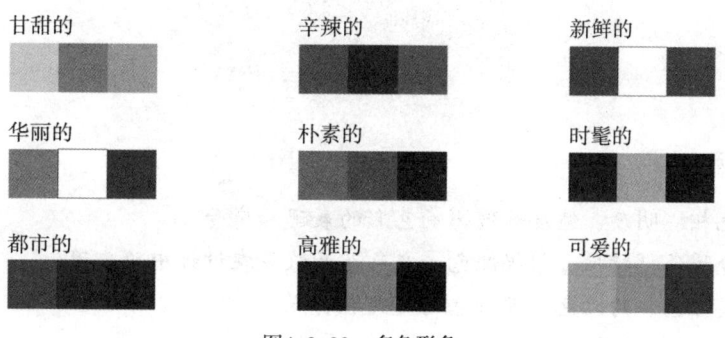

图4-2-23 多色形象

项目五　色彩基本原理

🔍 知识目标

1. 理解色相、明度、纯度如何影响色彩的表现和感受。
2. 了解冷暖色调特性，掌握纯色、灰色及高级灰在设计中的应用。
3. 了解类似色、对比色、互补色的定义和特点。

🔍 能力目标

1. 运用色彩组合，增强视觉吸引力和情感表达力。
2. 根据设计需求和目标，选择和搭配适当的色彩方案。
3. 能够结合实际案例，对色彩在设计中的应用效果进行分析和评估，提出改进意见。

🔍 素质目标

1. 提高对色彩的敏感度、审美判断力和艺术表达力。
2. 激发创新思维，提高解决设计问题的能力。
3. 促进对多元文化的理解，提升国际视野和跨文化交流能力。

任务一　色彩三要素

任务清单

任务名称	任务内容
任务目标	（1）理解色彩三要素； （2）掌握色彩三要素变化的特点
任务要求	（1）根据任务给出的空白色块在Photoshop软件中进行填色； （2）准备笔记本计算机、安装Photoshop软件； （3）完成色相、明度、纯度变化练习
任务思考	（1）色彩三要素的特点是什么？ （2）如何控制色彩的色相、明度、纯度？
任务计划	请对下图（色块）依次进行填色练习，分别绘制色相、明度、纯度变化： 色相　　明度　　纯度　　色相　　明度　　纯度 色彩三要素（任务预览）
任务实施	（1）在绘制色相变化时，应注意相邻两个色块的色相要有明显的色彩变化，切忌含糊不清，完成效果如图1所示。 图1　色相变化 （2）在绘制明度变化时，应注意相邻两个色块的色彩明度变化要均衡，由低明度逐渐过渡到高明度颜色，完成效果如图2所示。

	续表
任务实施	图2　明度变化 （3）在绘制纯度变化时，应注意相邻两个色块的纯度变化要均衡，由低纯度逐渐过渡到高纯度颜色，另外，在调整纯度变化的同时，应保证色彩的明度不改变，完成效果如图3所示。 图3　纯度变化
任务总结	

知识要点

人眼能够识别成千上万种颜色，那么，对这么多的色彩该如何进行区分呢？

丰富多样的色彩可以分成两大类，即有彩色系和无彩色系。

有彩色是指具备光谱上的某种或某些色相，统称为彩调，有彩色的表现复杂，但可以用色相、明度和纯度来确定。与此相反，无彩色即没有彩调。另外，无彩色系有明有暗，表现为黑色和白色，黑色和白色是明度的两个极端，而由黑色和白色混合形成的灰色，却有着各种深浅不同的灰。在所有的无彩色系中，白色的明度最高，黑色的明度最低，如图5-1-1所示。

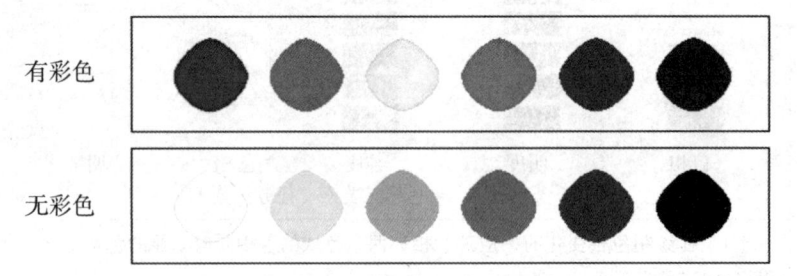

图5-1-1　有彩色与无彩色

与此同时，任何一种有彩色都具备色相、明度和纯度三种属性（称为色彩的三要素），当三种要素中的任何一个要素发生了变化，这一颜色的面貌也会随之改变。实际上色彩的三要素是一个整体的概念，色彩发生改变，三要素也会相应地发生变化。将其归纳为三种要素进行讲解可以更加清晰地了解色彩三要素对色彩本身的影响和作用。

一、色相

1. 色相的概念

色相，即色彩所呈现出来的质的面貌，如红、黄、蓝等。色相是色彩的首要特征，是区别各种不同色彩的最基础的标准。色相的特征决定于光源的光谱组成，以及有色物体表面反射的各波长辐射的比值对人眼所产生的感觉。有彩色具有色相的属性，而无彩色没有色相的属性。

2. 色相与色相环

白光通过三棱镜进行分光，形成了从红—蓝紫的色光递进排序的光谱。光谱中的不同色光代表不同的色相，从红开始，一直递进排列到蓝紫。然而通过色彩的混合，长波长的红和短波长的蓝能够混合到紫色及紫红色，紫色和紫红色也加入其中，使色相之间具有循环性，排列成圆状，就形成了色相环，如图5-1-2所示。

色相环由基本色相组成，包括红、橙、黄、绿、蓝、靛、紫等。这些基本色相在色环上相互衔接，形成一个连续的色彩序列。色相环不仅展示了色彩之间的关系，还可以用来理解色彩搭配的原则，设计师和艺术家通过理解色相环的原理，可以更有效地进行色彩搭配，创造和谐美观的作品。

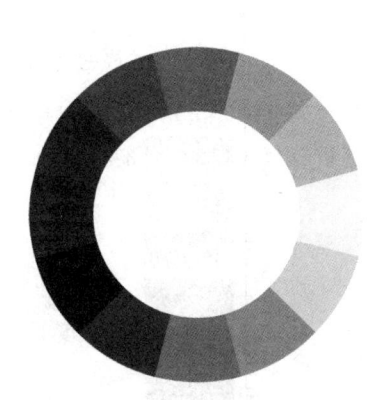

图5-1-2 色相环

色相与色相环是理解和应用色彩的基础。通过深入学习色相环的构成和色彩之间的关系，设计师和艺术家不仅可以提高其作品的美学价值，还可以根据作品所要传达的信息和情感，作出更加合适的色彩选择。

二、明度

1. 明度的概念

明度是指色彩的明暗程度，也可以说是色彩中的黑、白、灰程度。无论投照光还是反射光，在同一波长中，光波的振幅越宽，色光的明亮度就越高。在不同波长中，振幅与波长的比值越大，明亮度就越高。在无彩色体系中，明度最高的是白色，明度最低的是黑色；在有彩色体系中，明度最高的是黄色，明度最低的是紫色。

色彩的明度形成有以下三种情况。

一是因为光源的强弱而产生的同一色相的明度变化。同一色相在强光下显得明亮，而在弱光下显得暗淡模糊。

二是由于加上不同比例的黑、白、灰，而产生的同一色相的明度变化。

三是在光原色相同的情况下，各种不同色相之间的明度变化。例如，黄色明度最高，蓝紫色明度最低，红绿色属于中明度，色彩的明度变化往往会影响纯度的改变。

（1）无彩色系中的明度特征。在无彩色中，白色是明度最高的颜色，黑色是明度最低的颜色。在黑色和白色之间，还可以划分出明暗不同的灰色等级，形成灰度系列。靠近白色的一端为高明度色，靠近黑色的一端为低明度色，中间部分为中明度色，如图5-1-3所示。

（2）有彩色系中的明度特征。从光谱中可以得知，处于光谱中心位置的黄色是明度最高的颜色，处于光谱边缘的紫色是明度最低的颜色，如图5-1-4所示。

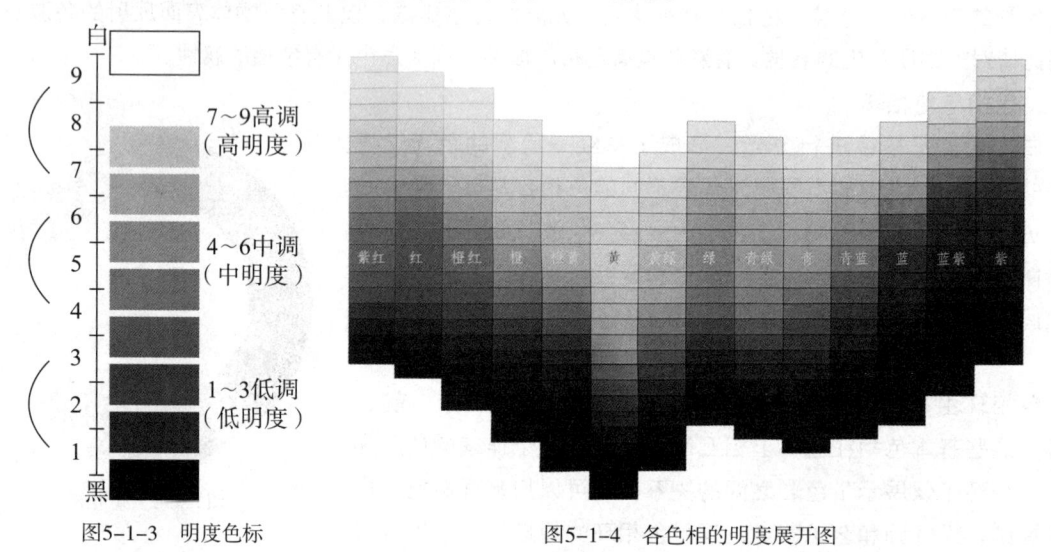

图5-1-3　明度色标

图5-1-4　各色相的明度展开图

2. 明度的分类

（1）同一色相的明度划分。若色相固定，只是在色相中加入黑色、白色或是不同程度的灰色，那么，就会形成同一色相不同明度的各种颜色。

在这些颜色中，越接近白色的明度就越高，称为高明度；越接近黑色的明度就越低，称为低明度；由于加入不同程度的灰色而产生的明度居中，称为中明度。例如，大红色加入白色之后变成粉色，明度提高；加入黑色之后变成暗红色，明度降低；加入灰色之后变成砖红色，明度居中，如图5-1-5所示。

图5-1-5　同一色相的明度变化

（2）不同色相的明度划分。各色相的构成中有单色光，也有复合光，因此，各色相的明度本身就是不同的。例如，黄色的明度最高，蓝紫色的明度最低，红绿色为中间明度。

明度是色彩的骨骼，是色彩构成的关键，没有明暗关系的构成，色彩将会失去分量而显得苍白无力。只有具备明度变化的色彩，才能展现出色彩的视觉冲击力和丰富的层次变化。

三、纯度

1. 纯度的概念

纯度也称为彩度、饱和度、鲜艳度,是指色彩的纯净程度,它表示颜色中所含有的色成分的比例。其含有的成分比例越大,则色彩的纯度就越高;含有的成分比例越小,则色彩的纯度也就越低。各色相中原本最鲜艳的颜色称为纯色,其纯度也最高。有彩色具有纯度的属性,而无彩色因为没有色相,所以没有纯度的属性。

色彩的纯度、明度不能成正比,纯度高不代表明度高,明度的变化往往与纯度的变化是不一致的,任何一种色彩加入黑、白、灰,纯度都会降低。在光谱色系列中,红色的纯度最高,蓝绿色的纯度最低,这是客观存在的现象。因此,最纯的红色比最纯的蓝绿色看上去更鲜艳。此现象与人们的视觉敏感度有关。

2. 纯度的分类

如果对一种色彩加入黑、白、灰或加入其他彩色来调和,纯度就会降低,颜色将不再鲜艳。当加入的色达到了很大的比例时,在眼睛看来,原来的颜色将失去本来的光彩而变成加入的颜色。当然,这并不等于在这种被加入的颜色里已经不存在原来的颜色了,而是由于大量地加入其他色彩而使原来的色彩被同化,人的眼睛已经无法感觉出来了。

纯度和明度一样,在程度上也分为高、中、低三个阶段。越是靠近纯色的,越鲜艳,纯度也就越高,称为高纯度;越是靠近五彩色的,越浑浊,纯度也就越低,被称为低纯度;居于其中的就是中纯度,如图5-1-6所示。

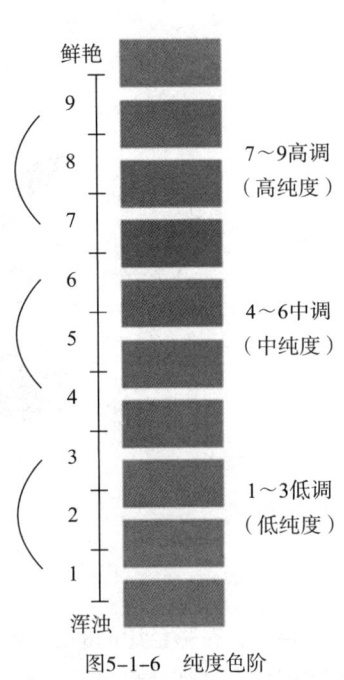

图5-1-6 纯度色阶

四、色彩混合

1. 三原色

三原色是指三种颜色中的任何一种颜色,都不能用另外两种原色混合产生,而其他颜色则可以由这三种颜色按一定比例混合出来,这三个独立的颜色称为三原色。三原色是所有色彩混合的基础,因此,也可以称为三基色。三原色有色料三原色和色光三原色之分,如图5-1-7所示。

(1)色料三原色(图5-1-8)。英国化学家富勒斯特研究选定品红、黄、青三种颜色,这些颜色颜料和其他不发光物体为基础的色料三原色可以混合出多种多样的颜色,但不能调配出黑色,只能混合出深灰色。因此,在彩色印刷中,除使用的色料三原色外,还要增加一版黑色(Black),这样才能得出深重的颜色。

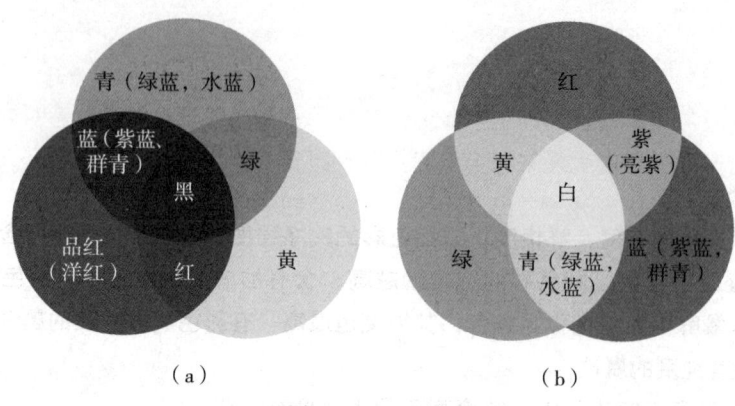

图5-1-7 三原色
（a）色料三原色；（b）色光三原色

图5-1-8 色料三原色

例如，在彩色印刷的油墨调配、彩色照片的原理，以及生产、彩色打印机设计等实际应用中，都是以黄、品红、青为三原色。彩色印刷品是以黄、品红、青三种油墨加入黑色油墨印刷的，四色彩色印刷机的印刷就是一个典型的例证。在彩色照片的成像中，三层乳剂层底层为黄色、中层为品红、上层为青色。各品牌彩色喷墨打印机也都是以黄、品红、青加入黑色墨盒打印彩色图片的。

（2）色光三原色。根据英国物理学家托马斯·杨和德国物理学家赫尔姆霍兹的研究结果，光的三原色被确定为红、绿、蓝，它们按一定比例混合，可以呈现出各种光色，彩色电视屏幕就是由这三种颜色的发光小点组成的。由色光三原色按不同比例和强弱混合，可以产生自然界的各种色彩变化，它们等量组合可以得到白色。

人的眼睛就像一个三色接收器的体系，大多数的颜色可以通过红、绿、蓝三色按照不同的比例合成产生。同样，绝大多数单色光也可分解成红、绿、蓝三种色光。这是色度学的最基本原理，即三基色原理。

2. 间色与复色

（1）间色：两种原色的等量混合。在伊顿的十二色相环中，间色处于两种原色之间。间色也称为二次色。

（2）复色：在间色的基础上产生，是两种间色或三原色的适当混合。复色也称为再间色或三次色。凡是复色都含有三原色的成分，都呈灰性色。三原色的等量混合即呈中性灰色。三原色的各种不同比例的混合能产生出千变万化的色彩。

原色、间色、复色如图5-1-9所示。

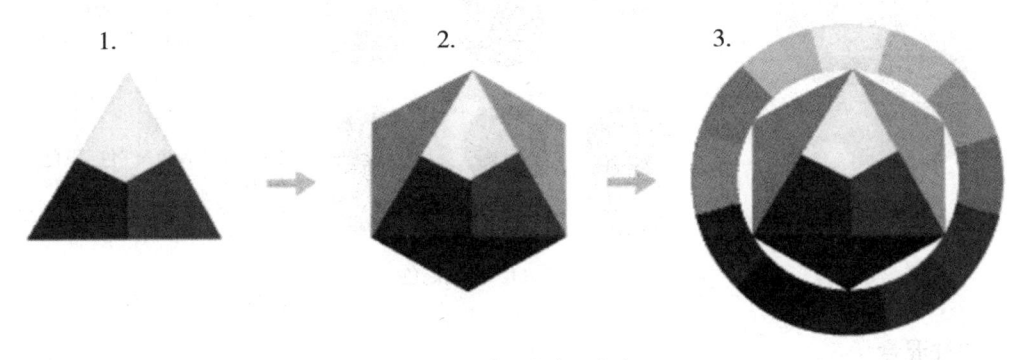

图5-1-9　原色、间色、复色

3. 加色混色

加色混合也称为色光的混合，即将不同的色光混合到一起，产生新的色光。其特点是将相混合色光的明度相加，混合色光的成分越多，所得到的新色光的明度就越高，将等量的原色色光混合，就可以得到不同层次的灰色；将所有的色光加到一起（三原色色光都为最大值），就可以得到白色。

根据色光三原色之间的混合关系，可以得出补色的概念。例如，在色光三原色中，某一种色光与另外一种色光等量相加后形成白光，这两种色光就会构成互为补色的关系，称为互补色光，如图5-1-10所示。

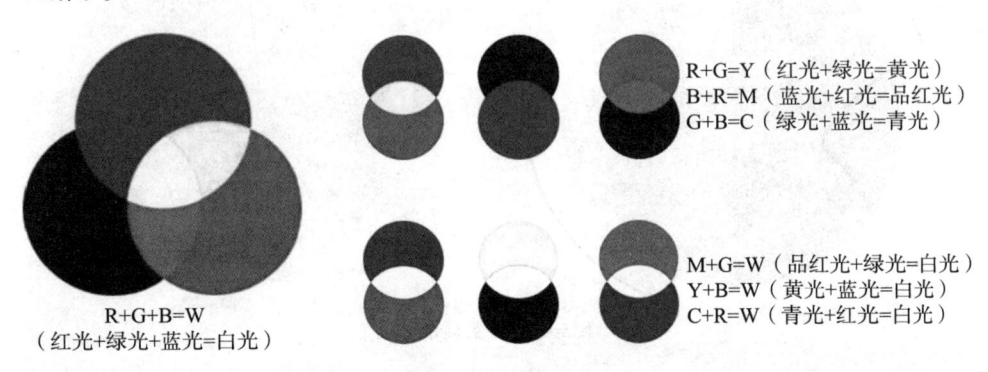

R+G=Y（红光+绿光=黄光）
B+R=M（蓝光+红光=品红光）
G+B=C（绿光+蓝光=青光）

R+G+B=W
（红光+绿光+蓝光=白光）

M+G=W（品红光+绿光=白光）
Y+B=W（黄光+蓝光=白光）
C+R=W（青光+红光=白光）

图5-1-10　加色混色

4. 减色混色

减色混合也称为颜料混合，即将不同的颜色混合到一起，可以得到新的颜色。其特点是当混合的颜色越多，或者混合的次数越多，所得到的颜色就越灰暗，将所有的颜色混合到一起，就可以产生黑色。

C、M、Y三色是常用的颜料的三原色。青（Cyan，记为C）、品红（Magenta，记为M）、黄

（Yellow，记为Y）是打印机等硬拷贝设备使用的标准色彩，分别是红（R）、绿（G）、蓝（B）三原色的补色。它属于减色法混合，是一种颜料色彩的混合模式，如图5-1-11所示。

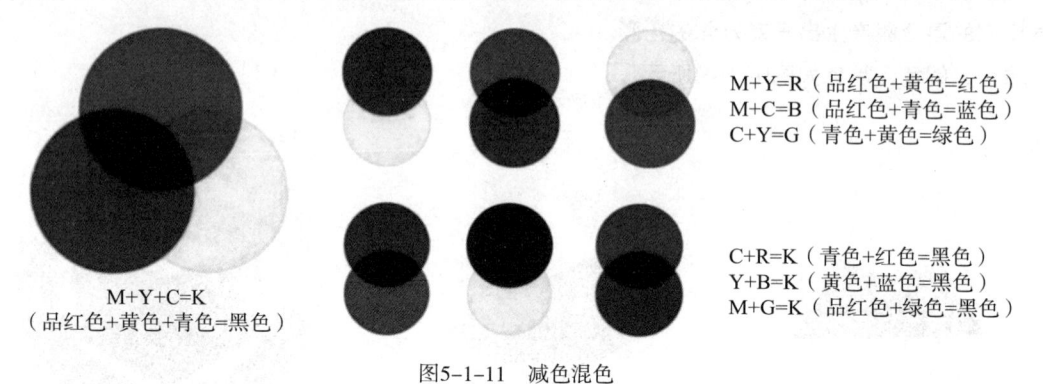

M+Y=R（品红色+黄色=红色）
M+C=B（品红色+青色=蓝色）
C+Y=G（青色+黄色=绿色）

C+R=K（青色+红色=黑色）
Y+B=K（黄色+蓝色=黑色）
M+G=K（品红色+绿色=黑色）

M+Y+C=K
（品红色+黄色+青色=黑色）

图5-1-11　减色混色

5. 中性混合

前面提到的光色的加色混合和颜色的减色混合，都是在色彩进入视觉感受之前就已经混合好的，是一种物理混色。

在生活中还存在另一种情况，就是颜色在进入视觉之前没有混合，而是在一定位置、大小和视距等条件下，通过人眼的作用在人的视觉里发生混合的感觉，这种发生在视觉内的色彩混合现象是生理混色。生理混色包括以下两种情况。

（1）旋转混合：两种或两种以上颜色并置在一个圆盘上，然后旋转，眼睛会看到新的颜色，称为旋转混合，如图5-1-12所示。

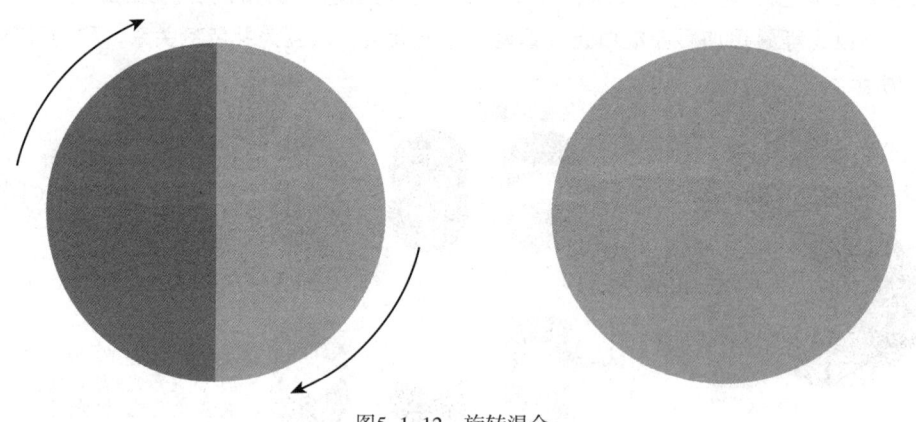

图5-1-12　旋转混合

（2）空间混合：将两种或两种以上颜色穿插、并置一起，在一定空间距离观看，得到不同颜色感受。

如图5-1-13《大碗岛的星期天下午》所示，点状空间混合在绘画中的运用最初出现于19世纪的法国后期印象派。印象派画家的点彩画法便是依据点状空间混合的原理，用少数几种原色的色点来组成具有丰富色彩感觉的画面，最终产生鲜艳悦目的效果，是色彩空间混合的典范。

图5-1-13　《大碗岛的星期天下午》

任务二　色调

任务清单

任务名称	任务内容
任务目标	（1）了解色调的作用； （2）掌握色彩的纯度变化，使用高级灰色进行色彩搭配
任务要求	（1）根据任务给出的图案在Photoshop软件中进行填色练习； （2）准备笔记本计算机、安装Photoshop软件； （3）使用Photoshop软件中的"油漆桶"工具进行填色
任务思考	（1）什么是色调？ （2）如何控制色彩的纯度，形成高级灰色调的画面？

续表

任务名称	任务内容
任务计划	请对下图图案进行填色练习，通过控制色彩的纯度形成高级灰色调的画面： 高级灰色调练习（任务预览）
任务实施	在绘制高级灰色调的画面时，可以通过以下几种方法降低色彩的纯度，形成和谐、具有美感的高级灰色彩画面，具体方法如下。 　　（1）当色彩与白色混合时，明度提高，纯度降低，同时色性偏冷。其色彩感觉柔和、轻盈明亮。 　　（2）当色彩与黑色混合时，明度降低，纯度也随之降低，同时色性偏暖。其色彩感觉会失去原本的光亮感，变得沉稳、安定、深沉。 　　（3）当色彩与不同明度的灰色混合时，纯度均会降低，但明度变化各有不同。例如，当纯色混入深灰色，纯度降低的同时，明度也随之降低，色相加深；当纯色混入浅灰色，纯度降低的同时，明度却随之提高，色相变浅；当纯色混入中灰色时，纯度降低，明度变化不大，但色相会出现细微变化。 　　（4）当纯色与补色混合时，相当于加入了深灰色，纯度和明度均会降低。 　　注：任何一种鲜艳的颜色，只要与其他色彩混合，其纯度均会不同程度地降低。纯度降低会引起原有色彩性质的偏离，改变原有色彩的相貌和特点。 　　完成效果如图1所示。 图1　高级灰色调练习
任务总结	

知识要点

色调在色彩构成中扮演着极其重要的角色。它不仅仅是色彩的一个维度，更是构建视觉情感体验、传达设计意图的关键工具。色调的选择和运用，能够深刻影响设计作品的整体风格和观感，从而影响观众的情感和认知反应。在设计和艺术的世界里，对色调的深入理解和应用，是每一位设计师和艺术家必须掌握的基本技能。

色调不仅关乎色彩的明暗变化，还涉及色彩的温度感知、纯度，以及与环境、材料等因素的相互作用。通过对色调的精细操控，设计师可以创造出从温暖到寒冷、从鲜艳到柔和的无限可能性，每一种变化都能引发观众不同的情绪反应和联想。

在本任务中，将深入探讨色调的理论学习，从色调的基本概念入手，逐步展开对冷（暖）色调的分析，纯色与灰色的运用，以及高级灰在现代设计中的地位和作用。通过对这些基础知识的学习，不仅能够理解色调在视觉艺术中的重要性，还能学会如何在实际设计工作中灵活运用色调，以达到更加精确和深刻的视觉表达。

一、色调的概念

色调在设计中呈现出的是综合性的视觉效果，可以将设计作品中的色彩倾向、特征，以及整体的色彩气氛和效果表达出来。色调的研究在色彩造型艺术中具有重要意义。色调语义中的情绪与形成色调的色相、明度，以及纯度变化都有直接的关联，从而产生了色彩的视觉心理，如冷与暖、轻与重、进与退、动与静等。另外，色调的划分体系众多，不同体系下的色调可以反映出不同的设计语义，如图5-2-1所示。

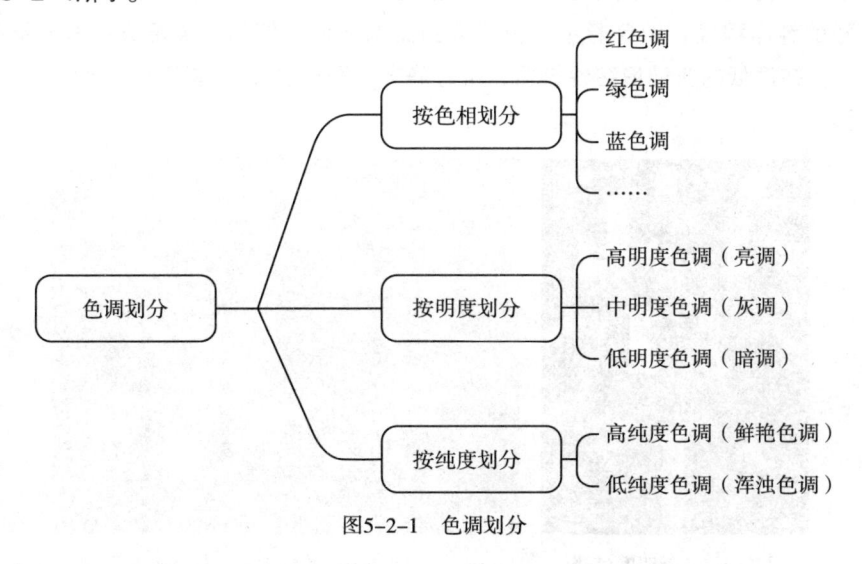

```
                            ┌─ 红色调
                ┌─ 按色相划分 ├─ 绿色调
                │            ├─ 蓝色调
                │            └─ ……
                │
                │            ┌─ 高明度色调（亮调）
    色调划分 ───┼─ 按明度划分 ├─ 中明度色调（灰调）
                │            └─ 低明度色调（暗调）
                │
                │            ┌─ 高纯度色调（鲜艳色调）
                └─ 按纯度划分 └─ 低纯度色调（浑浊色调）
```

图5-2-1　色调划分

1. 按色相划分色调

按色相划分色调意味着将色彩分类基于其在色相环上的位置或特性，如红色、蓝色、黄色等。这种分类方法使色彩的选择和搭配更加系统化，有助于理解和运用色彩的视觉效果与情感影响，如图5-2-2所示。

图5-2-2　蓝色调设计

2. 按明度划分色调

按明度划分色调是指根据色彩的明暗程度来分类色彩的方法。其中，高明度色调具有轻快、明亮、爽朗的感觉，可以体现出清纯亮丽、青春活跃的气质。低明度色调的明度偏低，具有压抑、阴暗的感觉，常给人带来一种紧张感和压迫感。中明度色调则具有平静、亲和、理智、含蓄、优雅等感觉。如图5-2-3所示的设计大师田中一光的设计作品为低明度色调。

3. 按纯度划分色调

按纯度（也称为饱和度）划分色调是指根据色彩的饱和程度来分类色彩的一种方式。纯度描述的是色彩的纯净程度，即色彩中彩色成分的比例高低。例如，纯度高的鲜艳调视觉冲击力强，具有动感；纯度低的灰调情绪性较弱，带有静态感和优雅感，体现出内敛与修养的语义，如图5-2-4所示。

图5-2-3　低明度色调　　　　图5-2-4　《静物》　莫兰迪

> **知识拓展**
>
> 莫兰迪色调，得名于意大利画家乔治·莫兰迪（Giorgio Morandi），指的是一系列柔和、低饱和度的色彩，通常包括灰色、灰褐色、灰绿色等。这些色彩给人以平静、沉稳的感觉，常常在莫兰迪的静物画中出现。莫兰迪色调因其独特的审美特点，在现代设计中被广泛应用，特别是在室内设计、时尚设计和平面设计等领域。
>
> 莫兰迪色调的特点在于其低饱和度和高级灰的色彩，这使色调之间的过渡非常自然，能够营造出一种宁静、和谐的氛围。这种色彩搭配方式不仅能够给人以视觉上的舒适感，还能够激发人们内心深处的情感共鸣。
>
> 在室内设计中，莫兰迪色调常被用来创造一个安静而舒适的居住环境，柔和的色彩搭配使空间显得更加温馨。在时尚设计中，莫兰迪色调的应用则体现了一种低调而不失品位的美学追求，适合追求简约而精致生活方式的人群。在平面设计中，莫兰迪色调可以使设计作品显得更加优雅和内敛，传达出一种深沉而持久的视觉影响力。
>
> 莫兰迪色调通过其独特的色彩语言，为现代设计提供了一种新的表达方式，让人们在繁忙、喧嚣的生活中找到一片宁静和慰藉。

二、冷色调与暖色调

在色彩的世界里，可将色彩分为能联想到温暖、炎热的色群和能联想到凉爽、寒冷的色群。前者被称为暖色调，后者被称为冷色调，如图5-2-5所示。

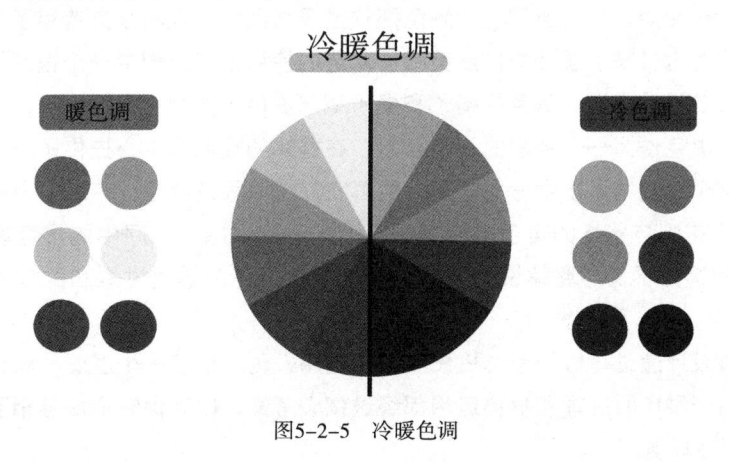

图5-2-5 冷暖色调

1. 暖色与暖色调

暖色是以橙黄色为中心的色群，也包含这个色群的非纯色。在色相环上，暖色是指紫色的终结到绿色起始位置的色区。这个色群使人联想到火、太阳,使人感到温暖,因此,被称为暖色。

暖色调是色彩理论中的一个概念,包括红色、橙色、黄色及其间的各种色彩。暖色调给人的感觉是温暖、亲近、舒适和活跃,常常被用来创造热烈和欢迎的氛围。在视觉艺术、室内设计、广告和品牌形象设计中,暖色调的运用可以激发人们的积极情绪,吸引注意力,以及营造温馨的环境,如图5-2-6所示。

图5-2-6 暖色调室内设计

图5-2-6所示的室内设计色彩的使用创造了一个温暖而舒适的空间,同时保持了现代和雅致的感觉。整个空间主要以暖色调为主,墙面采用的是柔和的粉土色,创造了一种温馨的背景。这种色彩既不像纯白色那样冷淡,也不像鲜艳的颜色那样过于强烈。地板和家具选用了自然木色,增强了空间的温暖感,同时也带来了质朴的自然美感。木色的使用是暖色调中一个很好的例子,能够给人带来放松和亲近大自然的感觉。黑色的椅子和桌子腿部提供了强烈的视觉对比,这种对比让空间更具现代感。同时,黑色作为一个强烈的视觉元素,在整体的暖色调中心提供了一个平衡点。装饰品和鲜花的添加为这个空间增添了生命力。桌上的鲜花与墙面颜色呼应,带来了自然的色彩和活力。摆放在柜子上的干花则与整体的暖色调相协调,增加了层次感。空间中的吊灯设计简约,使用了白色灯罩,这样的选择不仅与整体设计的简洁性相符合,还能够通过柔和的灯光进一步温暖整个空间。

总体来说,该设计通过巧妙的色彩搭配和材质使用,创造出了一个温暖、欢迎且现代感十足的空间。设计中的每一种色彩选择和材料运用都经过精心考量,以确保它们能够相互协调,共同营造出和谐且舒适的居住环境。

2. 冷色与冷色调

冷色是以蓝色为中心的色区,这个色群使人联想到寒冷,所以被称为冷色。在色相环上,冷色是指从绿色的终结到紫色的起始为止的色群。

冷色调通常指的是色轮上蓝色到绿色之间的色彩，有时也包括紫色。这些色调给人以平静、清新和放松的感觉。在心理感知上，冷色调常常与冷静、专注和宁静联系在一起，其通常用于需要营造安详、专业或宽敞感的空间。

如图5-2-7所示为世界博览会的主题海报设计，海报背景采用了深蓝色，这是一种典型的冷色调，它能够给人带来深度和专业感。深色背景还有助于使前景的颜色更加鲜明，增强视觉对比。

标题文字采用了明亮的荧光色，如粉红色、蓝色和绿色的叠加，这些颜色不仅跳脱传统，也给人以现代和活力的感觉。冷暖对比的应用，使文字即使在没有使用传统暖色调的情况下，依然非常醒目和吸引注意。文字周围的轮廓线以较淡的色彩呈现，这样的设计手法不仅为文字增添了立体感和动感，也让整个设计更加生动和有趣。

图5-2-7　EXPO海报设计

总体来说，该海报的色调使用充分展示了现代设计中对色彩的大胆运用，通过对冷色调背景与鲜艳荧光色文字的对比，营造出一种既专业又富有创意的氛围，成功地吸引观众的视线，并传达了世界博览会的国际性和未来感，这种色彩应用是国际大型事件海报设计中的成功案例。

三、纯色、灰色、高级灰的应用

在色彩学上，纯色、灰色、高级灰都是描述色彩纯度和明度的术语，它们在色彩构成和设计中扮演着重要的角色。

1. 纯色与纯色调

纯色指的是色彩最鲜艳、最饱和的状态，没有添加白色、黑色或其他颜色。这些色彩通常与光谱中的颜色相对应，如基本的红、蓝、黄等。纯色色彩强烈、明亮，能够吸引人的注意力并产生强烈的视觉效果。在设计中使用纯色可以传达清晰和直接的信息，能激发观众的情绪反应。

纯色调是纯度最高的纯色，在这个色调中的色彩非常鲜艳、明快、充满活力，并且具有强烈的对比性。纯色调配色，当色相差异较大时，色彩对比强烈，不容易调和，适合华丽、豪放、强烈的情感表达。

如图5-2-8所示，蒙德里安在这幅画中使用了红色、蓝色和黄色三种基本色彩，这些颜色是三原色，是所有其他颜色的

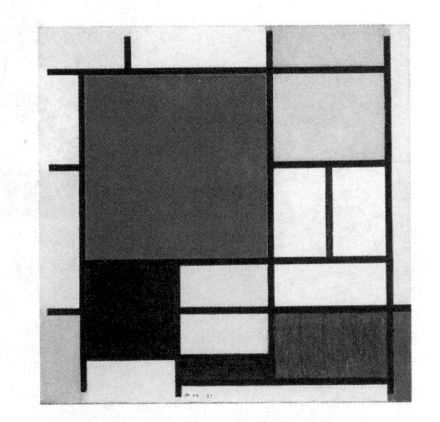

图5-2-8　蒙德里安绘画作品

基础，也是高纯度色。在这幅画中，三原色以纯粹的形式出现，没有与其他颜色混合，显示出强烈的视觉冲击力。

蒙德里安的色彩选择不仅是审美的，也具有象征意义。红色、蓝色和黄色可以被解读为一种对原始色彩的强调，象征着艺术的基本元素；而黑色线条和白色空间则代表着存在与虚无，以及构成世界的秩序。

2. 灰色与灰色调

灰色是由白色和黑色混合而成的，没有或几乎没有色相，纯度较低。灰色是一种中性色，可以用来平衡其他更鲜艳的颜色，创造和谐的视觉效果。在室内设计中，灰色常用于背景色，因为它可以帮助其他颜色突出，同时提供一种稳定、平静的感觉。

灰色具有以下几个特点。

（1）灰色是最中性的色彩，它可以与任何其他色相搭配而不会发生冲突。

（2）灰色常用于设计中作为平衡其他色彩的基础，可以减少色彩间的对比，创造和谐感。

（3）在现代设计中，灰色常被用来传达科技感、专业性和现代都市的冷静。

灰色调是指包含有色相的灰色，它是通过将纯色与黑色、白色（有时还有灰色）混合而成的色彩。这些色彩相比于纯色，其饱和度较低，但仍保有一定的色相特征，因此，可以带有"温暖"的或"冷却"的属性。

如图5-2-9所示的莫奈画作中，我们看到了色彩的灰色调处理，这是印象派画家在描绘自然场景时经常使用的技术。莫奈通过调整色彩的饱和度，创造了一种富有层次感和空间感的效果。莫奈利用灰色调色彩表现出了不同的物质质感和空气感。画面上的树木、水面和天空，都使用了含有不同程度灰色的色彩，这使画面呈现出柔和而细腻的视觉效果。使用灰色调的色彩，莫奈描绘出了光线的微妙变化，使画面生动而充满活力。

图5-2-9 莫奈色彩作品

（1）色彩灰色调的处理方式。莫奈通常会在纯色中加入相对的颜色，例如，在绿色中加入一点红色，或在蓝色中加入一点橙色，莫奈通过这种方式降低色彩的饱和度，创造出更加自然和谐的色调。通过调整色彩的明度，加入白色或黑色，在画作中创造了光影效果。明暗的变化不仅提供了深度，还强化了时间，即一天中不同时刻的光线变化。色彩的纯度降低意味着色彩中含有较多的灰色成分，这样的色彩看起来更柔和，更符合自然环境中色彩的实际表现。

（2）效果分析。通过灰色调的色彩处理，莫奈的画作传达出一种独特的氛围和情绪，反映了他对自然界深刻的观察和体验。灰色调的色彩营造了一种宁静的感觉，观众可以感受到画面中的静谧、平和，同时，也能体会到画家对自然美的真挚赞美。作品中巧妙地使用了色彩的灰色调处理，展现了自然景色的丰富细节和深邃情感，体现了印象派对光与色彩细微变化的精湛捕捉。通过这种方法，莫奈不仅描绘了自然的外在美，更传达了一种内在的情感和氛围。

3. 高级灰与高级灰色调

高级灰是指在灰色的基础上添加了一点色相的颜色，但仍然保持较低的饱和度与明亮度。这类色彩比普通灰色具有更复杂的视觉深度和情感内涵，常常被视为更加精致和优雅。高级灰在时尚和室内设计中非常流行，因为它们既有色彩的温度和情感，又不会过于强烈，适合创造一个成熟和高雅的氛围。

高级灰具有以下几个特点：

（1）低饱和度。与纯色相比，高级灰的饱和度较低，更为柔和。

（2）含有色相。虽然色彩饱和度不高，但是可以感知到其中含有的色相，如带有蓝色或红色的灰。

（3）视觉效果优雅内敛。高级灰通常给人一种平静、舒适且具有深度的视觉感受。

高级灰色调指的是那些不鲜艳的、稍含低饱和度色相的灰色。这种色调通常看起来更为细腻、优雅，并且具有较高的设计感。其所指并非单一的颜色，而是一种色彩搭配的哲学，一种对色彩微妙处理的艺术。在绘画、室内设计、时尚和摄影等多个创意领域中，高级灰色调被视作营造高质感视觉体验的关键元素，如图5-2-10所示。

图5-2-10　杂志封面设计

在图5-2-10这组封面设计中，高级灰色调的运用非常显著。它们不仅构成了设计的主要色彩基调，而且通过精妙的色彩搭配，为作品带来了一种宁静而富有层次的美感。下面是对这些封面设计中高级灰色调使用的分析。

（1）色彩选择：这些封面上的色彩不是鲜艳的、高饱和度的颜色，而是柔和、低饱和度带有微妙色相的色彩。例如，背景和物体的描绘采用了不同深浅的灰紫色、灰蓝色、灰绿色等，这些颜色都是在基础的灰色中混入了一点纯色。

（2）情感氛围：这些高级灰色调为封面营造了一种安静、沉思的氛围，与"Poetic Life"这一主题相得益彰。它们传达出一种优雅的生活态度，反映出设计师希望读者感受到的诗意生活情调。

（3）视觉效果：通过使用高级灰色调，设计在视觉上避免了过分的刺激，整个封面看起来更加优雅和有品位。这样的色彩选择对观众的视觉有一种平和而吸引人的效果。

（4）设计感：高级灰色调的应用增强了封面的设计感，让每一个元素，无论是字体还是插图，都显得有意义且富有考究。它表明了设计者对色彩搭配的精准控制，以及对细节的高度关注。

因此，高级灰色调在这组封面设计中的运用，展示了设计者在营造特定情感和氛围方面的精心考量。这些设计通过色彩的巧妙搭配，成功地将简洁与复杂性、现代感与温馨感结合起来，为目标受众提供了视觉及情感上的享受。

任务三　色彩表达体系

任务清单

任务名称	任务内容
任务目标	（1）了解孟塞尔色彩体系； （2）掌握孟塞尔色彩体系色彩命名的方法
任务要求	（1）根据下图孟塞尔色立体切面中标出的颜色进行命名； （2）使用孟塞尔色彩体系中色彩命名的规范； （3）准备纸和笔
任务思考	（1）孟塞尔色彩体系中色彩命名的规范是什么？ （2）孟塞尔色彩体系的特点是什么？

续表

任务名称	任务内容
任务计划	参考孟塞尔色立体切面中标出的颜色进行色彩命名。 色彩命名练习（任务预览）
任务实施	（1）在进行色彩命名前，首先要了解命名的方法：任何颜色都可以用色立体上的色调H、明度值V和纯度C三项坐标来标定，并给出标号。需要注意的是，孟塞尔色立体切面中横轴为纯度值，纵轴为明度值，则色彩的命名公式为H V/C=（色调 明度值/纯度）。 （2）对于无彩色的黑白系列（中性色）用N表示，在N后标明度值V，斜线后面不写彩度。N V/=中性色明度值，例如，标号N5/的颜色：明度值是5的灰色。 （3）根据以上命名原则，图中标记颜色命名从1至4分别为5PB 6/8、N6/、5PB 2/4、5Y 7/8
任务总结	

知识要点

艺术家与设计师为了更方便地认识、研究及运用色彩，常需要将缤纷的色彩按一定的构成规律进行有序的排列，使色彩之间的关系变得清晰、直观、更易于理解与识别。因此，各种能够清晰地表现出色彩关系的色相环与色立体应运而生。

一、色相环与色立体

色相环是一种平面的色彩表示方式，通常呈圆形，展示了色彩之间的顺序和关系。色相环上的色彩是连续变化的，通常从三原色（红色、蓝色、黄色）开始，逐渐过渡到三间色和其他次级颜色，早期的色相环包括英国物理学家艾斯克·牛顿的6色色相环和瑞士艺术理论家约翰内斯·伊顿的12色色相环。

牛顿将色谱中的第一种颜色（红色）与最后一种颜色（紫色）混合，调和出了一种7色中不存在的洋红色。这样他将色谱图的首尾相连做成了一个圆环。在牛顿色相环上，表示着色相的序列，以及色相间的相互关系，圆形的色谱可以用两种颜色在色环上的中间色来预测两种颜色混合的结果。牛顿色相环为后来表色体系的建立奠定了一定的理论基础。

伊顿的12色色相环在牛顿6色色相环的基础上，又发展出6种复色，即橙红、橙黄、黄绿、蓝绿、蓝紫、紫红。更为丰富的12色色相环可以更清楚地显示原色、间色和复色之间的变化关系。牛顿色相环与伊顿色相环如图5-3-1所示。

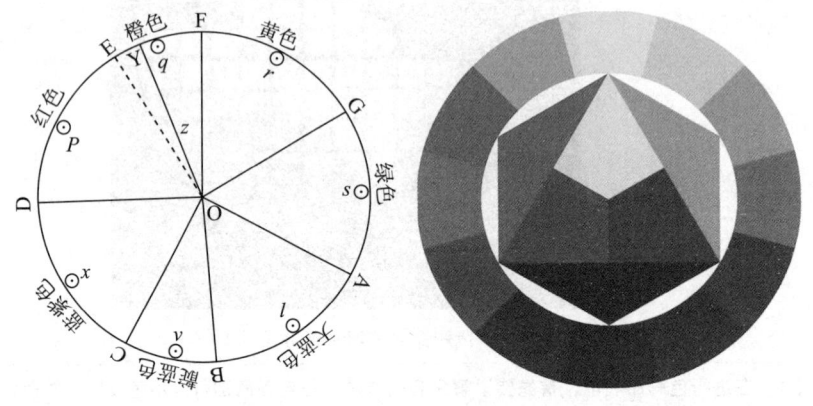

图5-3-1　牛顿色相环与伊顿色相环

色立体是一种三维的色彩表示方式，它借助三维空间不仅展示了色相的变化，还包括色彩的明度和饱和度。常见的色立体形状包括圆锥体、圆柱体和立方体等。无论色立体的立体模型如何变化，都有一些共性的结构特征。色立体通过三维坐标来展示色彩的色相、明度（亮度）、饱和度（纯度）三个基本维度，显示了色彩从最鲜艳（饱和度高）到最无色（饱和度低）的过渡，以及从最亮（高明度）到最暗（低明度）的变化，如图5-3-2所示。

图5-3-2　色立体

总的来说，色相环和色立体是理解并应用色彩的工具，它们帮助从业者以科学、艺术的方式来选择和搭配色彩，最终提升视觉作品的质量和情感表达。

二、孟塞尔色彩系统

1. 孟塞尔色彩系统

孟塞尔色彩系统（Munsell Color System）是美国艺术家阿尔伯特·孟塞尔（Albert H.

Munsell，1858—1918）在1898年创制的颜色描述系统，至今仍是比较色法的标准，是比色法里通过明度（Value）、色相（Hue）及纯度（Chroma）三个维度来描述颜色的方法，如图5-3-3所示。

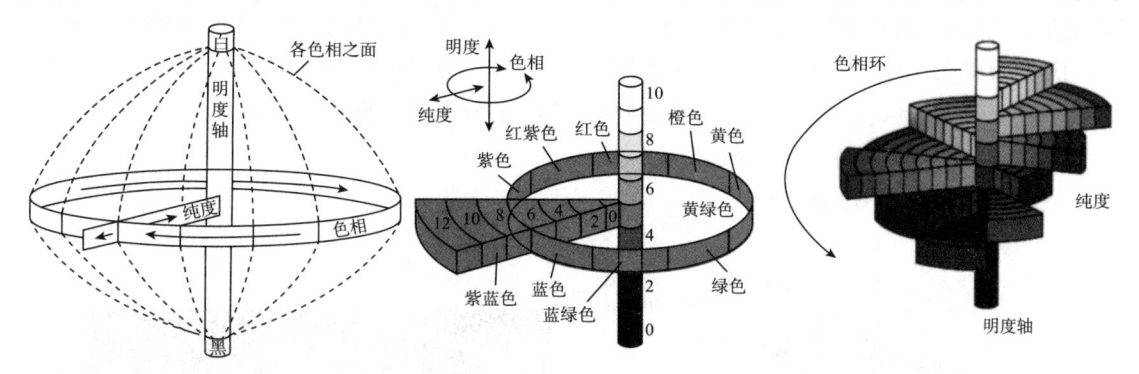

图5-3-3　孟塞尔色彩系统

孟塞尔色立体根据色相关系、明度关系，以及饱和度关系可分为3部分进行研究。

其色相关系表现在色相环中。色相环以红（R）、黄（Y）、绿（G）、蓝（B）、紫（P）心理五原色为基础，再加上它们的中间色相橙（YR）、绿黄（GY）、蓝绿（BG）、紫蓝（PB）、红紫（RP）成为10个色相，按顺时针排列。为了做更细的划分，每个色相又分成10个等级，如图5-3-4所示。

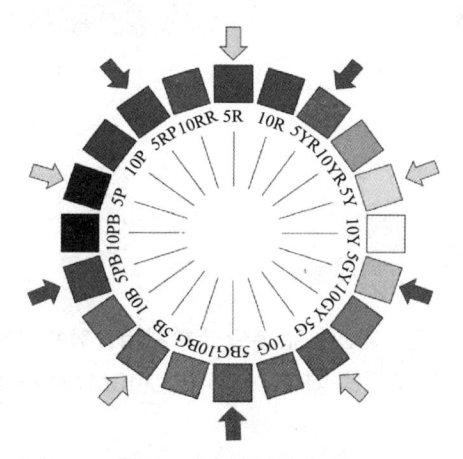

图5-3-4　孟塞尔色相环

孟塞尔色立体中的垂直轴表示明度，越向上明度越高，越向下明度越低，且以无彩色黑白系列中性色的明度等级来划分。它将理想白色定为10，将理想黑色定为0。明度值由0~10共分为11个在视觉上等距离的等级。

在孟塞尔色彩系统中，颜色距离中央轴的水平距离代表饱和度的变化，称为孟塞尔彩度。彩度也被分成许多视觉上的相等等级。中轴上的中性色彩度为0，离中央轴越远，彩度数值越大。如图5-3-5所示。

2. 孟塞尔色彩体系—色彩命名

（1）有彩色的命名。任何颜色都可以用色立体上的色调H、明度值V和纯度C三项坐标来标定，并给出标号。H V/C=色调明度值/纯度。

（2）无彩色的命名（黑、白、灰系列）。对于非彩色的黑白系列（中性色）用N表示，在N后标明度值V，斜线后面不写彩度。NV/=中性色明度值，例如，标号N5/的颜色：明度值是5的灰色。

对于彩度低于0.3的中性色，如果需要做精确标定时，可采用NV/（H，C）=中性色明度值/（色相，彩度）。例如，标号为N8/（Y，0.2）的颜色，该色是略带黄色明度为8的浅灰色。

如图5-3-6所示为孟塞尔色立体切面。

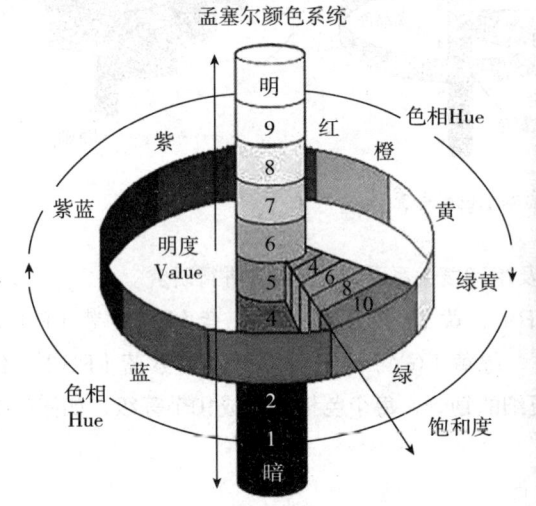

图5-3-5　孟塞尔色立体模型结构　　　　图5-3-6　孟塞尔色立体切面

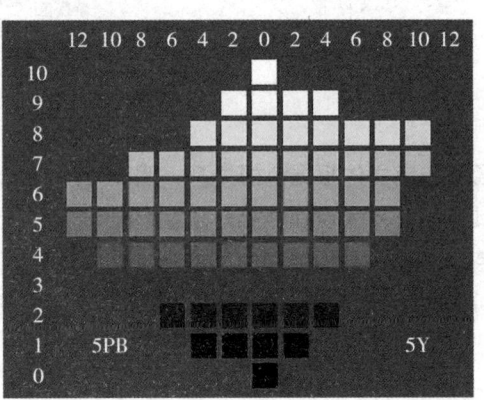

三、计算机色彩系统模式

计算机在现代社会已达到普及，因此，很多设计常利用计算机绘图软件完成，这也就形成了独具特色的计算机色彩系统。其比较常见的有RGB色彩模式和CMYK色彩模式。

1.RGB 色彩模式

RGB 色彩模式是通过红（R）、绿（G）、蓝（B）三个颜色通道的变化，以及相互之间的叠加来得到各式各样的颜色。RGB 代表红、绿、蓝三个通道的颜色，这个标准几乎包括了人类视力所能感知的所有颜色，是目前运用最广的颜色系统之一。

RGB 色彩模式中的红、绿、蓝三个颜色各分为255阶亮度，在0时最弱，在255时最亮。当三色数值相同时，为无色彩的灰度色；而三色都为255时，为最亮的白色；都为0时，为最暗的黑色。

2.CMYK 色彩模式

CMYK是一种专门针对印刷业设定的颜色标准，通过青（C）、品红（M）、黄（Y）、黑（K）四个颜色的变化，以及相互之间的叠加来得到各种颜色。CMYK 代表青、品红、黄、黑四种印刷专用的油墨颜色。

项目六　色彩对比与调和

知识目标

1. 使用色相、明度、纯度进行色彩对比与调和。
2. 熟练使用色彩对比达到一定的视觉效果。
3. 使用色彩调和方法搭配和谐、有美感的色彩。

能力目标

1. 利用色彩对比调和理论，增强视觉和情感影响。
2. 根据目标进行恰当的色彩搭配。
3. 分析实例，评估并提出色彩改进。

素质目标

1. 提高对色彩感知与审美判断。
2. 激发创新思维，提高问题解决能力。
3. 促进跨文化理解，扩展国际视野。

任务一　色彩对比

任务清单

任务名称	任务内容
任务目标	（1）利用色相环进行色相对比； （2）掌握色相环中色彩的色相对比方式（类似色、对比色、互补色）
任务要求	（1）根据任务给出的图案在Photoshop软件中进行填色练习； （2）准备笔记本计算机，安装Photoshop软件； （3）使用Photoshop软件中的"油漆桶"工具进行填色
任务思考	（1）色相环的色彩规律是什么？ （2）如何选择色相形成类似色、对比色、互补色关系？
任务计划	参考色相环对右图进行填色练习，分别形成类似色、对比色、互补色关系。 色相对比练习（任务预览）
任务实施	（1）在参考色相环进行类似色配色时，可以通过一些规律掌握配色技巧，在色相环内呈30°~60°角的颜色对比是色相比较类似但成分已经不同的对比关系，如图1所示。 图1　类似色配色

续表

任务名称	任务内容
任务实施	（2）在利用色相环进行对比色配色时，保持色彩的选择在色相环内呈90°～120°角颜色对比，这种对比由于色彩距离较远，在视觉上互相冲突，色彩之间缺乏共性，因此色彩性格差异很大，如图2所示。 图2　对比色配色 （3）在利用色相环进行互补色配色时，保持色彩的选择在色相环内呈180°左右的颜色，即处于色相环中直径两端位置上的对比，互补色色彩距离最远，色相差异最大，如图3所示。 图3　互补色配色 （4）完成效果如图4所示。 图4　色相环配色练习
任务总结	

知识要点

两种以上的颜色，以空间或时间关系进行比较，能比较出明显的差别，并产生比较、衬托、排斥等作用，影响心理感觉，被称为色彩对比，如图6-1-1所示。

图6-1-1 色彩对比

一、色相对比

色相对比是色彩对比中最基本也是最重要的对比,正是这一对比,确立了色彩存在的价值,有了色相的变化,色彩的其他一系列对比才得以展开。

色相对比包含同类色对比、类似色对比、邻近色对比、中差色对比、对比色对比、互补色对比,如图6-1-2所示。

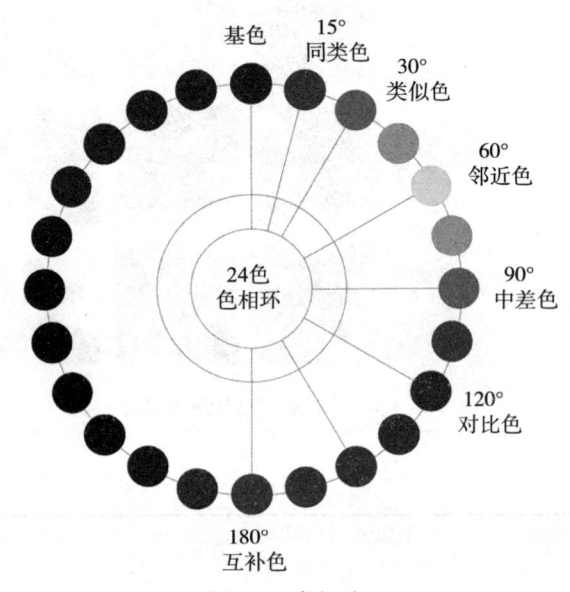

图6-1-2 色相对比

1. 同类色对比

同类色对比是指色相在色相环中,色彩相距0°~15°的对比,0°色相属于较难区分的色相,其色相具有同一性。同类色对比虽然没有形成色彩的层次，但形成的明暗层次可以通过拉大明度差异，来产生出其不意的视觉效果，如图6-1-3所示。

2. 类似色对比

类似色对比是指色相在色相环中，色彩相距15°~30°的对比，是色相比较类似但成分已经不同的对比关系。例如，黄色与橙色的对比，虽然两个色彩给人呈现出的都是强烈的暖意感，但由于橙色成分的加入，色相之间出现了轻微的差异化，视觉层次显得更为丰富，如图6-1-4所示。

图6-1-3　同类色对比　　　　　　　　　图6-1-4　类似色对比

3. 邻近色对比

邻近色对比是指色相在色相环中，色彩相距45°~60°的对比，形成对比的色彩之间既有差异又有联系。邻近色对比在整体上形成既有变化又具有统一性的色彩魅力，在实际运用中容易搭配且具有丰富的情感表现力。但若需要表现画面的丰富感，仍需加大明度和纯度的对比，如图6-1-5所示。

4. 中差色对比

中差色对比是指色相在色相环中，色彩相距90°左右的对比，是强度介于强弱对比之间的对比关系。其色相差异较为显著，如两种原色或两种间色之间的差异，如图6-1-6所示。

图6-1-5　邻近色对比　　　　　　　　　图6-1-6　中差色对比

5. 对比色对比

对比色对比是指色相在色相环中，色彩相距120°左右的对比。这种对比由于色彩距离较远，在视觉上互相冲突，色相之间缺乏共性，因此色彩性格差异较大，属于不易调和的色彩，如图6-1-7所示。

6. 互补色对比

互补色对比是指色相在色相环中，色彩相距180°左右的对比，即处于色相环中直径两端位置上的对比，是色相最强的对比。互补色对比的色彩距离最远，是色相对比的极限，也是色相最强的对比。在实际应用中，当两种补色并置在一起时，为了突出对比效果，常需要把其中一种色彩强调出来，使其起支配作用，弱化另一种色彩，令其处于从属地位。另外，如果把两种色彩的纯度都设置得高一些，那么，这两种色彩会被对方完好地衬托出特征，展现充满刺激性的艳丽色彩印象。若想要降低配色带来的视觉冲击感，则可以适当降低两种颜色的纯度，如图6-1-8所示。

图6-1-7　对比色对比　　　　　图6-1-8　互补色对比

二、明度对比

明度对比构成是指将两个或两个以上不同明度的色彩并置在一起时，所产生的色彩明暗程度的对比。如果色彩只有色相和纯度的差别，明度非常接近，则色彩就会处于同一个层面上，其视觉效果也会含糊不清，最终会导致色彩的轮廓、形态、层次、空间关系等难以识别。因此，可以得知明度对比的运用，其目的在于将色彩的深浅适度拉开距离，让色彩明度处于不同层面上。

1. 明度对比基调

按照孟塞尔色彩系统中的明度色阶法，明度在黑色和白色之间分为9个等级，标号为1~9号，外加0号的黑色和10号的白色，共有11个色阶。这11个色阶基本概括了所有无彩色和有彩色的明度差异，理解其中的组合规律，可以对色彩的明度比了然于心。另外，这11个明度色阶还可分为高、中、低三种明度基调，如图6-1-9所示。

图6-1-9 明度基调

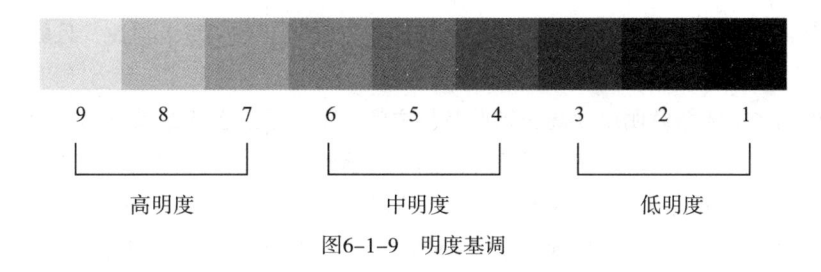

（1）低明度基调：在明度色阶中，画面颜色明度由1~3的色阶组成。低明度基调具有朴素、浑厚、沉重、低沉之感，因而会产生压抑、孤独甚至恐惧的情感感受，如图6-1-10所示。

（2）中明度基调：在明度色阶中，画面颜色明度由4~6的色阶组成。中明度基调具有稳定、成熟、平实、柔和、含蓄、明晰的色彩感觉，如图6-1-11所示。

（3）高明度基调：在明度色阶中，画面颜色明度由7~9的色阶组成。高明度基调具有靓丽、活跃、轻快明朗、纯洁朦胧的色彩感觉，如图6-1-12所示。

图6-1-10 低明度基调　　图6-1-11 中明度基调　　图6-1-12 高明度基调

2. 明度对比强弱

在色彩构成搭配过程中，明度对比具有多样的组合方式。例如，会出现高明度基调与低明度基调之间的对比，或者中明度基调与低明度基调之间的对比等。因此，可以将明度对比的情况归纳为长调、中调和短调。

（1）明度弱对比：相差3级以内的对比，称为短调，具有含蓄、模糊的特点。

（2）明度中对比：相差4~5级的对比，称为中调，具有明朗、爽快的特点。

（3）明度强对比：相差6级以上的对比，称为长调，具有强烈、刺激的特点。

把不同的明度基调与不同的明度强度进行组合，可以得到各具特色的明度对比关系和对比效果。也就是说，高、中、低三个明度基调，分别通过强、中、弱的明度对比搭配，可以形成九种不同的对比关系，这就是所谓的明度九大调。明度九大调是色彩世界关于明度对比的基本规律，九大调在不同画面中出现，会带来不同的色彩感觉，从而建立起该画面的基本样貌，如图6-1-13所示。

明度九大调主要包括以下几种：

（1）高长调：高明度颜色为主，辅助色与主色差异属于长调（7级以上）对比。其画面明度对比强烈，色彩感觉刺激、热烈，可以传达活泼、明快的情感。

（2）高中调：主体颜色明度较高，辅助色与主色为中调（4~6级）对比，且颜色的明度色阶向高明度一端靠近（4~9级）。其色彩感觉明快、活泼。

（3）高短调：主体颜色明度较高，辅助色与主色之间的明度差级继续缩小，明度色阶更接近高明度的一端。其色彩感觉柔和、鲜亮，可塑造优雅、轻柔的气氛，但容易显得苍白。

（4）中长调：主体颜色以中明度颜色为主，辅助色与主色明度对比属于长调（7级以上）。其色彩感觉明确、果断且有力，形成的画面效果舒适、充实，给人以稳定的感觉。

（5）中中调：主体颜色以中明度颜色为主，其他颜色接近主体颜色的明度，且明度对比属于中调（4~6级）。其画面色彩感觉丰富、温和、细腻。

（6）中短调：主体颜色以中明度颜色为主，其他颜色接近主体颜色明度，且明度对比为短调（3级以内）。其色彩感觉朴实无华，形成的画面效果常给人以模糊、深奥，以及不确定的感受，运用不恰当会带来乏味、憋闷的不舒适感。

（7）低长调：主体颜色以低明度颜色为主，辅助色与主色差异属于长调（7级以上）对比。其色彩感觉深沉、庄重，形成的画面深沉而具有爆发力。

（8）低中调：主体颜色以低明度颜色为主，辅助色与主色为中调（4~6级）对比。其色彩感觉低沉、肃穆。

（9）低短调：主体颜色以低明度颜色为主，其他颜色接近主体颜色的明度，且明度对比为短调（3级以内）。其色彩感觉虚幻、忧伤，画面效果显得压抑、忧郁。

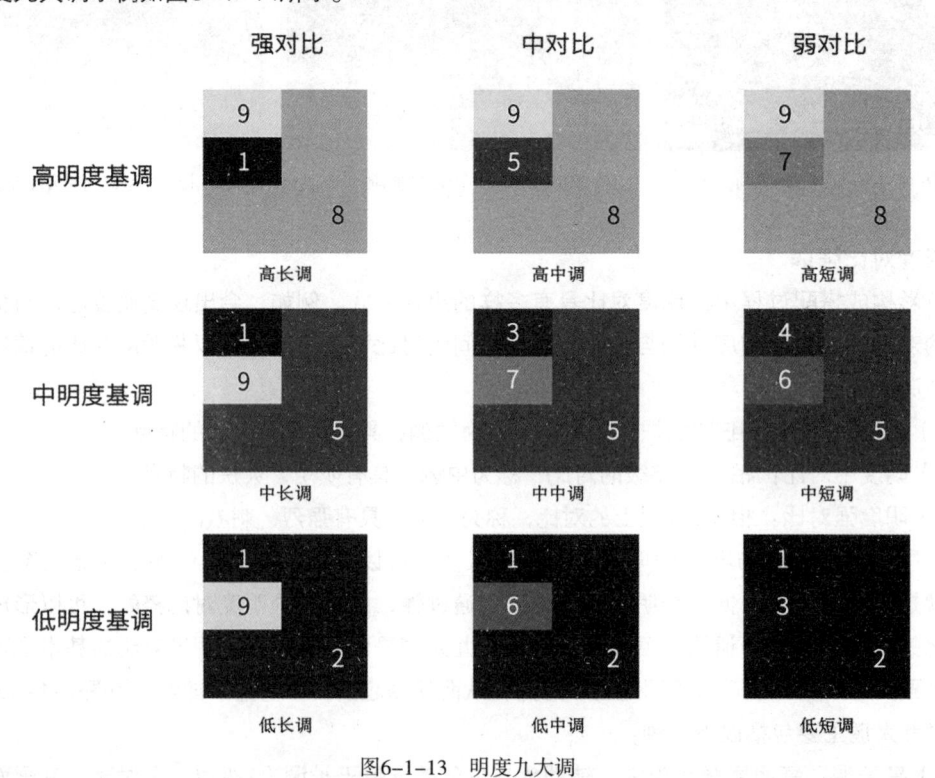

明度九大调示例如图6-1-14所示。

图6-1-13 明度九大调

图6-1-14　明度九大调示例

三、纯度对比

纯度对比也称为色彩饱和度对比,是指将两个或两个以上不同纯度的颜色并置在一起,产生的色彩鲜艳或浑浊的视觉感受。

1. 纯度对比基调

将一个纯度为100%的纯色同灰色相混合,并按一定比例不断增加灰色,直至变成完全的中性灰,就可以获得一个完整的纯度变化色阶。把不同纯度的色彩按照纯度的变化形成三种纯度基调,分别为低纯度基调(灰调)、中纯度基调(中调)和高纯度基调(鲜调),如图6-1-15所示。

图6-1-15　纯度基调

(1)低纯度基调:0~3号色为低纯度色,非常接近中性灰,也称为灰调。低纯度基调的色彩特征较弱,视觉效果柔和,注目程度低,能令人持久注视。以低纯度为主的画面,具有自然、简朴、安静、随和、脱俗的感觉；但运用不当，则会产生悲观、陈旧、含混、乏力等效果，如图6-1-16所示。

（2）中纯度基调：4~6号色为中纯度色，也称为中调。中纯度基调的色彩特征比较温和，不会产生刺眼的视觉效果。以中纯度为主的画面，具有耐看、平稳、柔软、沉静的感觉；但运用不当，则会产生平淡、消极等效果，如图6-1-17所示。

（3）高纯度基调：7~10号色为高纯度色，是纯色或稍带灰调的鲜艳色，也称为高调或鲜调。高纯度基调的色彩特征明确有力，对视觉刺激的效果强，对心理情感作用明显，但容易使人疲倦，不能持久注视。以高纯度色为主的画面，具有鲜艳、明快、积极、色相感强的感觉；但运用不当，则会产生疯狂刺激的效果，如图6-1-18所示。

图6-1-16　低纯度基调　　　　图6-1-17　中纯度基调　　　　图6-1-18　高纯度基调

2. 纯度对比强弱

色彩之间纯度差别的大小决定着纯度对比的强弱。纯度对比可分为纯度弱对比、纯度中对比、纯度强对比三种不同的对比形态，可以令画面效果各具特色。

（1）纯度弱对比：相差3级以内的对比，色彩之间纯度差较小，边界不清，画面感平，层次感差，会出现脏灰的现象。

（2）纯度中对比：纯度差异适当，因此，可以形成柔和、耐看的视觉效果。其是日常生活中最为普遍的色彩关系。

（3）纯度强对比：色彩纯度差异较大，色彩鲜艳突出，主体鲜明，特征显著，但有时会产生一定的视觉刺激。

和明度对比相同，纯度对比通过不同基调和不同强度的对比组合，也可形成9种不同的纯度对比关系和对比效果，即纯度九大调，如图6-1-19、图6-1-20所示。

（1）鲜强对比：主体颜色以高纯度的颜色为主，辅助色与主色差异为7级以上。其画面效果鲜艳、生动、活泼、华丽、强烈。

（2）鲜中对比：主体颜色以高纯度的颜色为主，辅助色与主色差异为4~6级。其画面色彩效果适中，鲜、灰色的反差中等，画面感觉较刺激、生动。

（3）鲜弱对比：主体颜色以高纯度的颜色为主，辅助色与主色差异为1~3级。其由于整体画面的色彩纯度都较高，色彩之间的鲜、灰色反差小，画面鲜艳。

图6-1-19　纯度九大调

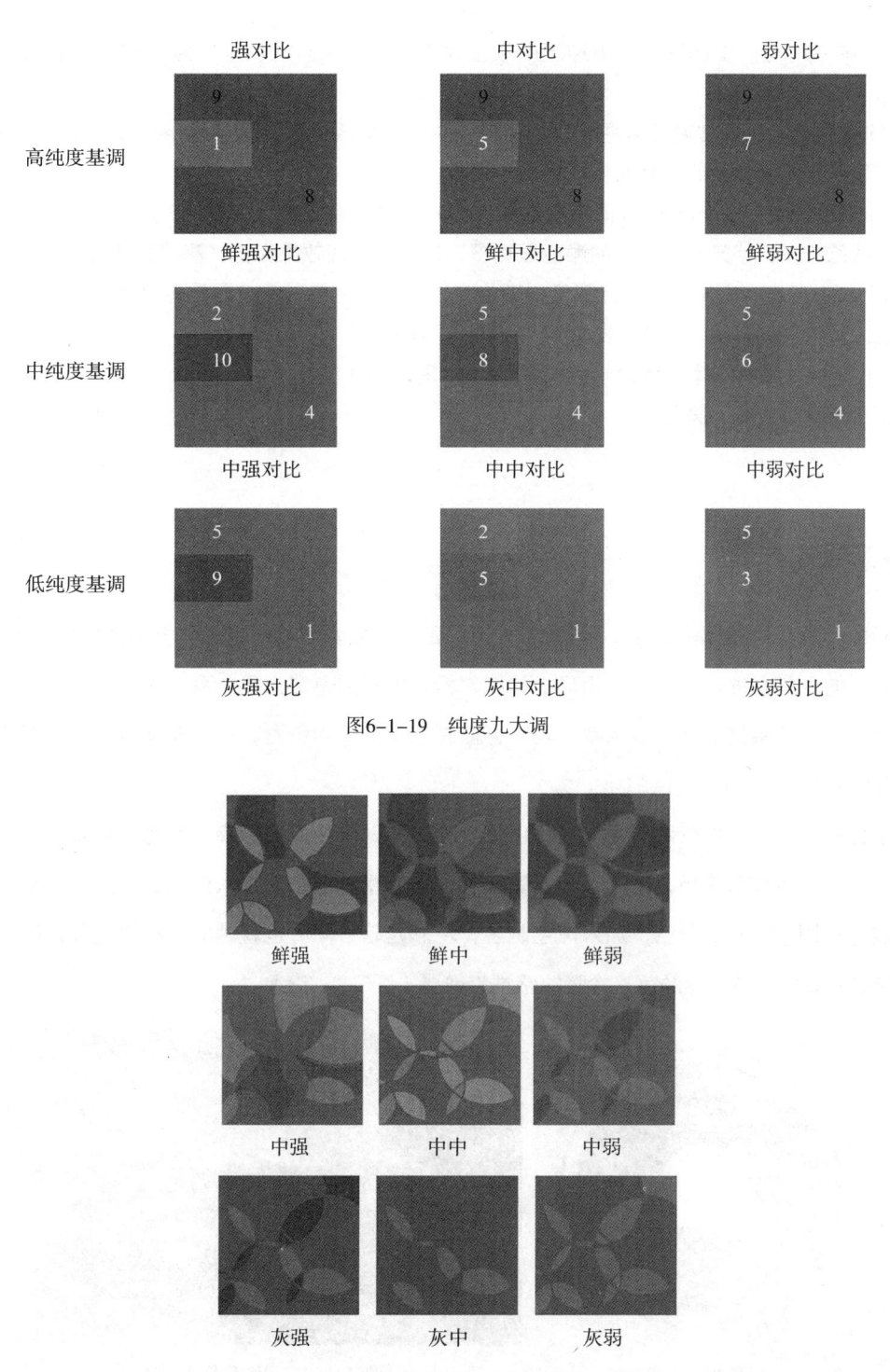

图6-1-20　纯度九大调示例

（4）中强对比：主体颜色以中纯度的颜色为主，辅助色与主色差异为7级以上。其画面效果适当，是日常生活中比较常见的色彩搭配。

（5）中中对比：主体颜色以中纯度的颜色为主，辅助色与主色差异为4~6级。其画面效果温和、静态、舒适。

（6）中弱对比：主体颜色以中纯度的颜色为主，辅助色与主色差异为1~3级。其由于画面色彩之间的纯度差别不大，因此，画面效果平板、含混、单调。

（7）灰强对比：主体颜色以低纯度的颜色为主，辅助色与主色差异为7级以上。其由于画面中灰色系的颜色较多，但又有高纯度的颜色做点缀，因此，画面效果大方、高雅又活泼。

（8）灰中对比：主体颜色以低纯度的颜色为主，辅助色与主色差异为4~6级。其由于画面中颜色与颜色之间的对比较弱，因此，画面效果和谐、沉静。

（9）灰弱对比：主体颜色以低纯度的颜色为主，辅助色与主色差异为1~3级。其画面效果雅致、细腻、耐看、含蓄、朦胧。

四、冷暖对比

色彩的冷暖感觉既是心理的，也是生理的。因色彩感觉的冷暖差别而形成的对比，称为冷暖对比。从人的色彩心理效应上把色相环上的红、橙、黄系列色定为暖色系，其中，橙色是最暖的色彩；把绿、青、蓝系列色定为冷色系，其中，蓝青色是最冷的色彩。橙色与蓝色是补色对比中冷暖差异最强的色彩关系（图6-1-21）。

由于任何色彩加入白色后明度提高而色相变冷，加入黑色后明度降低而色相偏暖，因此，在无彩色系中，把白色称为冷极，把黑色称为暖极。同一色相的颜色，加入白色越多，色彩越明亮，同时也就越冷；同一色相的颜色，加入黑色越多，色彩越暗，同时也就越暖。纯度越高的颜色，冷暖的感觉越强烈；纯度越低的颜色，冷暖的感觉越微弱（图6-1-22）。

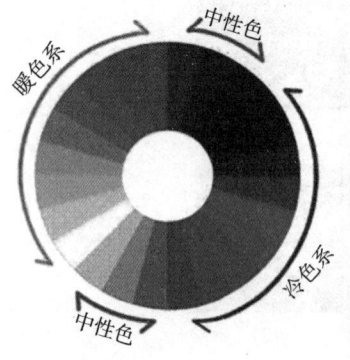

图6-1-21　色相与色彩冷暖　　　　图6-1-22　明度与色彩冷暖

色彩的冷暖感是通过对比产生的，同属于冷色系或同属于暖色系的颜色放在一起，同样可以对比出冷暖的差异（图6-1-23）。

| 大红 | 桃红 | 砖红 | 玫瑰红 |

图6-1-23 对比与色彩冷暖

使用色彩冷暖对比是以增加视觉对比度和情感表达的效果为目的的。这种对比可以产生强烈的视觉冲击和情感共鸣,为设计注入活力和张力。

色彩冷暖对比的表现有以下几个方面:

(1)视觉对比增强:冷暖色调的对比使色彩更加鲜明突出,增强了画面的立体感和层次感。

(2)情感对比强烈:冷色调和暖色调分别代表了截然不同的情感状态,它们的对比使情感表达更加丰富、深刻。

(3)氛围营造明显:冷色调和暖色调的对比可以创造出多样的氛围,如冷暖交替的对比,营造出冷暖交织的氛围,增加了场景的戏剧性和神秘感。

如图6-1-24所示,当代艺术家奥拉维尔·埃利亚松的作品《萤火虫双多面体球体实验》是一个典型的使用冷暖对比进行设计表达的案例。

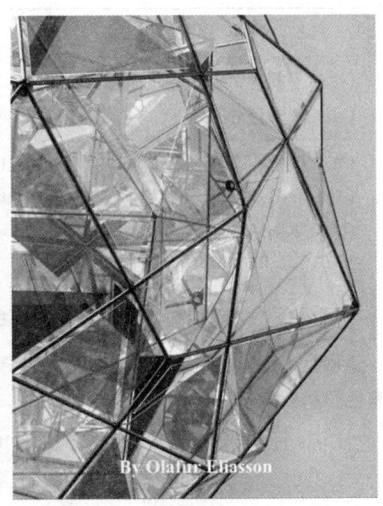

图6-1-24 《萤火虫双多面体球体实验》 奥拉维尔·埃利亚松

这个作品是一个由多面体构成的球体,球体内部装有发光的LED灯,通过不同颜色的灯光投射,创造出了丰富的色彩效果。在这个作品中,艺术家巧妙地利用了冷暖色调的对比来营造视觉效果和情感体验。

作品的外部由透明的多面体构成,这些多面体的材质呈现出冷色调的质感,如蓝色或绿色的透明玻璃或塑料。这些冷色调的材质营造了一种冷静而神秘的氛围,让观众感受到了一种安静和平静。而作品内部的LED灯,则采用了暖色调的光源,如橙色、黄色或红色等,这些暖色调的光线在冷色调的背景下显得格外突出和温暖。这种冷暖对比使作品呈现出一种强烈的视觉反差,同时也引导观众的注意力聚焦在球体内部的光线效果上。

通过冷暖对比的巧妙运用，艺术家创造了一个独特的艺术空间，使观众沉浸于光与影、冷与暖的对比中，体验到了色彩的视觉和情感的交织。这种设计表达不仅丰富了作品的视觉效果，也引发了观众对于色彩、光线和空间的深层思考。

任务二　色彩调和

任务清单

任务名称	任务内容
任务目标	（1）了解色调的调和； （2）掌握色彩三要素的变化，使用调和方法进行色彩搭配
任务要求	（1）根据任务给出的图案，在Photoshop软件中进行填色练习； （2）准备笔记本计算机，安装Photoshop软件； （3）使用Photoshop软件中的"油漆桶"工具，进行填色
任务思考	（1）什么是色彩调和？ （2）除颜色的变化外，如何进行画面色彩的调和处理？
任务计划	请根据下图左侧给出的10个色块，选择其中3~5个颜色进行填色，通过控制色彩的组合，形成具有色彩和谐美感的画面。 色彩调和练习（任务预览）

续表

任务名称	任务内容
任务实施	在绘制色彩调和的画面时，可以用本任务所学的色彩调和方法（同一调和、类似调和、面积调和）进行色彩搭配，形成具有美感的色彩和谐画面，完成效果如图1所示。 图1　色彩调和练习
任务总结	

知识要点

色彩的组合千变万化，为了使明显差异的色彩能够构成和谐、统一的整体而进行的方式方法，可以称为色彩调和。色彩调和是为了使色彩组合符合目的性需求，并带有一定的审美特征，趋向于对人的心理和内在观念的认定，属于色彩之间的协调性问题。

一、色彩调和的概念

色彩调和是指两个或两个以上的颜色有秩序地组织在一起，构成和谐的、能够使人产生舒适感的色彩搭配。在色彩设计中，色彩调和是减少差异、缓解对比和化解矛盾的有效方法。

色彩调和是色彩构成中的重要环节，掌握好各种调和的构成法则，缩小、缓解某些色彩的过量、对立和差异，厘清画面的主次关系，保持色调的和谐统一，才能显示出色彩构成的表现力，把握色彩表达的技巧，归结到最终就在于协调好色彩的对比与调和关系。

同时，色彩的调和与色彩的对比是色彩辩证的两个方面。颜色和颜色之间相联系或相互作用，形成了色彩的对比与调和。优秀的色彩画面中色彩的对比与调和缺一不可，对比的最终结果是需要调和的，调和则是通过对比表现出来的。在色彩构成中没有无对比的调和，但却存在着不调和的对比。

二、色彩调和的分类

1. 同一调和

同一调和是一种弱对比调和。同一调和使色彩调和的范围从同类色、近似色扩展到包括互补色在内,使互不相容的对比色彩有可能协调到一起。在明度、色相、纯度三种属性中,若有一种要素完全相同,变化其他要素,则被称为单性同一调和;在三种属性中,若有两种要素相同,则称其为双性同一调和。

同一调和法就是在相互对立的两色中,共同添加某一颜色作为媒介色,来减弱原有色彩的对比强度,达成调和的目的。

(1)同色相调和。同色相调和是指孟赛尔色立体同一色相页上各色的调和。由于同一色相页上的各色均为同一色相,只有明度和纯度上的差别,所以,各色的搭配给人以简洁、爽快、单纯的美。除过分接近的明度差、纯度差及过分强烈的明度差外,均能取得极好的调和效果,如图6-2-1所示。

图6-2-1 同色相调和

(2)同明度调和。同明度调和是指在孟赛尔色立体同一水平面上各色的调和。由于同一水平面上的各色只有色相、纯度的差别,明度相同,所以,除色相、纯度过分接近而显得模糊,或互补色相之间纯度过高而不调和外,其他搭配均能取得含蓄、丰富、高雅的调和效果,如图6-2-2所示。

(3)同纯度调和。同纯度调和是指在孟赛尔色立体上同色相同纯度的调和,或不同色相相同纯度的调和。前者只表现明度差,后者既表现明度差又表现色相差。除色相差、明度差过小、过分模糊,纯度过高、互补色相过分刺激外,均能取得审美价值很高的调和效果,如图6-2-3所示。

图6-2-2 同明度调和　　　　图6-2-3 同纯度调和

2. 类似调和

在色彩搭配中，选择性质或程度接近的色彩组合，以增强色彩调和的方法，称为类似调和。类似调和主要包括类似色相调和、类似明度调和、类似纯度调和三种类型。

（1）类似色相调和：以色相的明度、纯度关系来辅助搭配协调的配色方法，如图6-2-4所示。

（2）类似明度调和：在类似明度色调中选择有对比性的色彩，或通过补色色相来丰富画面效果的方法其要避免过强的色相与明度变化之间的冲突，如图6-2-5所示。

（3）类似纯度调和：突出纯度的变化。其明度、色相关系要相对减弱，以达到优美、雅致的配色效果，如图6-2-6所示。

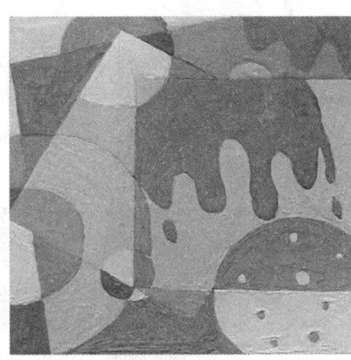

图6-2-4 类似色相调和　　　　图6-2-5 类似明度调和　　　　图6-2-6 类似纯度调和

3. 秩序调和

秩序调和主要包括明度秩序调和、色相秩序调和、纯度秩序调和及综合秩序调和。

（1）明度秩序调和。明度秩序调和是向一个或多个颜色中加入黑色或白色，形成明度等差及系列色彩，然后由浅到深、由深到浅进行排列组合，属于渐变构成。利用明度秩序调和构成的画面，层次和色彩关系明确，给人以明显的空间深度和光影幻觉，具有一种单纯的秩序美，如图6-2-7所示。

（2）色相秩序调和。色相秩序调和是利用色相环的位置关系组织画面色彩变化的构成形式，是一种色相向其他色相逐渐变化推移的过程。色相可选用色相环上的纯色进行纯色色相推移，也可选用含有灰色的色相环进行含灰色色相推移，如图6-2-8所示。

（3）纯度秩序调和。将色立体上的纯色向无彩轴方向渐变的诸多色彩与不同明度的灰色，按照从鲜艳到灰、由灰到鲜艳的顺序进行排列组合，形成的渐变构成，是一种颜色向无彩色的黑、白、灰渐次变化的过程，称之为纯度秩序调和，如图6-2-9所示。

（4）综合秩序调和。综合秩序调和是综合运用色彩的三属性，将色相、明度、纯度三个方面或其中两个方面进行渐变的构成形式。由于色彩三要素的多项加入形成的画面效果比单向秩序要复杂很多，但表现出的效果更为丰富，如图6-2-10所示。

4. 分割调和

分割调和又称为间隔调和，是在两种对立的色彩之间建立起一个中间地带，来缓冲色彩的过度对立；即在对比色之间插入与各方都不发生利害关系的无彩色系的黑、白、灰或金、银光泽色，或作底色，或用作勾勒外形轮廓，从而使其色彩边缘因对比引起的尖锐矛盾被缓冲，如图6-2-11所示。

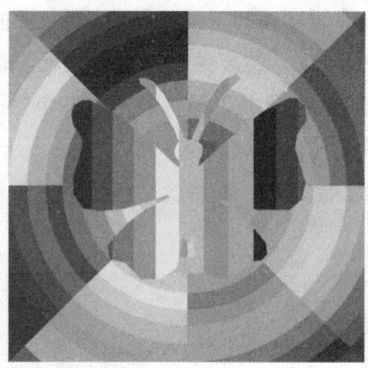

图6-2-7 明度秩序调和　　　　图6-2-8 色相秩序调和　　　　图6-2-9 纯度秩序调和

图6-2-10 综合秩序调和　　　　图6-2-11 分割调和

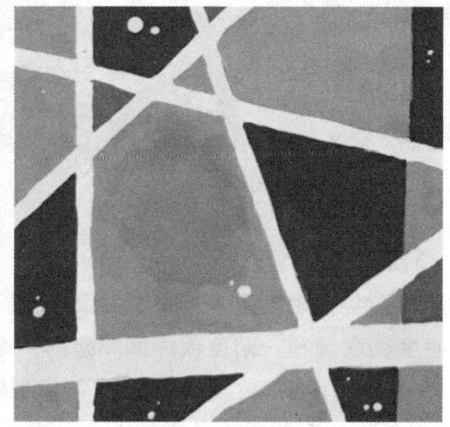

5. 面积调和

面积调和在色彩构成中占据非常重要的位置，它通过增大或减少对比色的面积来调节色彩对比的强弱，并得到一种色量的平衡与稳定的效果。如果对比色面积相当、比例相同，就难以调和；如果面积大小比例各异，则容易调和。面积比例相差越大，成为一种相互烘托的有机整体，使其对比关系也趋于调和。在画面中，通常小面积用高纯度的色彩，大面积用低纯度的色彩，能取得调和的色彩效果，如图6-2-12所示。

图6-2-12　面积调和

项目七　初识立体构成

🔍 知识目标

1. 了解立体构成的基本概念。
2. 认识并掌握立体构成的特性。
3. 掌握立体构成的造型原理知识。
4. 掌握立体构成美学法则。

🔍 能力目标

1. 能够熟练运用立体构成的知识，分析相关艺术设计作品。
2. 能够熟练结合点、线、面、体元素，进行立体构成的设计。
3. 能够熟练运用立体构成美学法则，进行相关作品的设计。
4. 能够具备运用立体构成知识，进行拓展创意设计的能力。

🔍 素质目标

1. 培养学生对立体构成基本要素的理解能力。
2. 通过项目培养提升学生的三维立体视觉感受、审美技巧、创作技巧。
3. 培养学生构成基础专业技能与创作拓展经验。

任务一　认识立体构成

任务清单

任务名称	任务内容
任务目标	（1）掌握立体构成的基本概念； （2）掌握立体构成的特性； （3）了解立体构成的应用形式
任务要求	准备以下工具及材料： （1）15 cm×15 cm的白色卡纸； （2）自动铅笔、橡皮、剪刀或裁纸刀； （3）圆规、格尺等辅助工具
任务思考	（1）立体构成与平面构成、色彩构成的区别是什么？ （2）立体构成的表现形式是什么？ （3）立体构成有何特性？
任务计划	请依次完成以下内容： 任务一　　　　　　任务二 任务预览
任务实施	任务一： 　（1）准备一张15 cm×15 cm规格的白色卡纸（具有一定厚度），以及铅笔、橡皮、格尺、剪刀或裁纸刀等工具，如图1所示。 　（2）使用铅笔在白色卡纸上绘制草稿。沿着卡纸边缘绘制等比缩放的矩形框，再利用格尺边角，以纸张中心为中点，绘制由内至外具备旋转角度的线段，形成具备形式美感的图案，如图2所示。 　（3）使用剪刀或裁纸刀，沿着绘制的草稿进行裁剪。裁剪时，需注意保留一部分与纸张部分的连接，如图3所示。 图1　材料与工具准备　　　图2　绘制草稿

续表

任务名称	任务内容
任务实施	（4）完成裁剪，并将裁剪出的部分弯折出一定的角度，最终制作出效果如图4所示。 图3　裁剪过程　　　图4　完成效果 任务二： （1）准备一张15 cm×15 cm规格的白色卡纸（具有一定厚度），以及铅笔、橡皮、格尺、剪刀或裁纸刀等工具，如图5所示。 （2）使用铅笔在白色卡纸上绘制草稿。以裁剪好的15 cm×15 cm正方形白卡纸尺寸为基准，采用等比缩放的形式，向中心点绘制不同大小的矩形，如图6所示。需要注意的是，只绘制一半的矩形线条即可，让画面形成类似水管的形状，如图7所示。 （3）依次完成裁剪，并将裁剪出的部分折出一定的角度，形成叠加的拱桥形态造型，最终制作出效果如图8所示。 图5　材料与工具准备　　　图6　绘制草稿 图7　裁剪过程　　　图8　完成效果

一、立体构成概述

在随处可见的形态各异的事物中,无论是山川湖泊还是高楼大厦,动物、静物还是人文景观,生活用品还是艺术收藏,都有着立体构成的影子。我们的世界存在于三维空间中,空间内的事物都是以三维形态存在的,不同形态的事物通过各自的造型、色彩、材料、纹理组成了丰富多样的世界元素,研究三维立体构成是了解这些造型元素的重要途径之一。图7-1-1~图7-1-3分别从建筑、产品、自然形态三个方面展现了立体构成之美。

图7-1-1　鸟巢国家体育馆外观的构成元素

图7-1-2　中式灯具设计的构成元素

图7-1-3　岩石截面的构成元素

立体构成也称为空间构成。立体构成是用一定的材料,以视觉为基础、力学为依据,将造型要素按照一定的构成原则,组合成美好的形体的构成方法。它是来自点、线、面、对称、肌理,研究空间立体形态的学科,也是研究立体造型各元素的构成法则。其任务是揭开立体造型的基本规律,阐明立体设计的基本原理。

二、立体构成的特性

立体构成是由二维平面构成转化为三维立体空间设计的显现。由于立体构成的特殊性，其主要具备以下几种特性。

1. 空间性

立体构成与平面构成、色彩构成的最大不同是后两者主要考虑长、宽两个维度的空间问题，也就是二维平面空间的问题；而立体构成则更多地需要考虑长、宽、高三个维度空间的问题，也就是三维立体空间的问题。在造型艺术设计中，立体构成因其具备的空间性，也往往会相较于其余两种构成形式更加复杂，也更加多样化。如图7-1-4所示为简单的矩形立体空间构成。

2. 理性

立体构成具备较强的理性特征，相较于平面构成与色彩构成，立体构成由于增加了"高"变成三维空间的形式，所以，会更加考量其组合性与稳定性。其理性特性可通过解构和重构的方式予以体现，在立体构成中，往往将原有形态解构成一个个基本的造型元素，再进行重新构成组合，在此过程中，需要具备一定的理性特征，以保证最终立体造型的形式美感。如图7-1-5所示为中国古代的宫殿屋檐造型，使用的理性排列的立体构成方法。

图7-1-4　矩形立体构成作品　　　　　　　　图7-1-5　宫殿屋檐的构成造型

3. 触觉性

区别于平面构成表达的二维空间，立体构成可通过触觉的三维形式，让人们感受到大小、形态、软硬、纹理等多种信息，更深层次地刺激、更多角度地增加人们的审美与心理感受。通过触觉的形式去感受作品，往往也是立体构成的重要表现之一。如图7-1-6所示，包上采用的皮革材料有着特殊的触觉感受。

4. 系统性

在立体构成中，系统性对于其表现有着重要的作用。立体构成的表现是综合性的，相较于平面构成与色彩构成，它所涉及的因素会更多（如材料、工艺、机械、技术等），也更为复杂。

通过使用不同材料，应用不同工艺，结合不同的技术与方法，会产生不同的立体构成效果。想要设计出好的立体构成作品，必须从系统性去思考。如图7-1-7所示，应用石膏、金属等材料，使用不同的加工工艺，最终制作出立体构成作品。

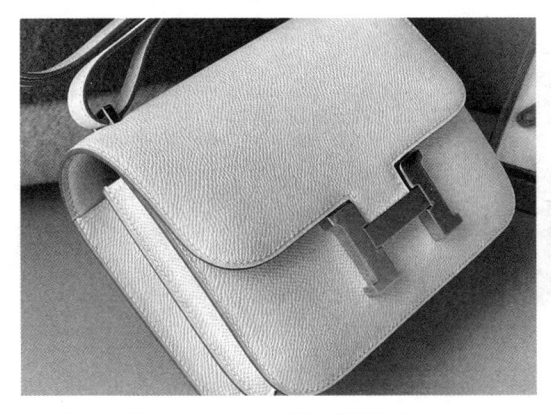

图7-1-6　包上皮革的材质触感　　　　　图7-1-7　立体构成作品

任务二　立体构成原理

任务清单

任务名称	任务内容
任务目标	（1）掌握立体构成的造型原理； （2）掌握立体构成的各个造型要素； （3）掌握立体构成的形式美法则
任务要求	准备以下工具及材料： （1）白色卡纸15 cm×15 cm； （2）自动铅笔、橡皮、剪刀或裁纸刀； （3）圆规、格尺等辅助工具
任务思考	（1）立体构成造型中，点、线、面、体如何应用？ （2）点、线、面、体在立体构成中具备何种特性？ （3）形式美法则在立体构成中有何体现？

续表

任务名称	任务内容
任务计划	请依次绘制完成以下内容： 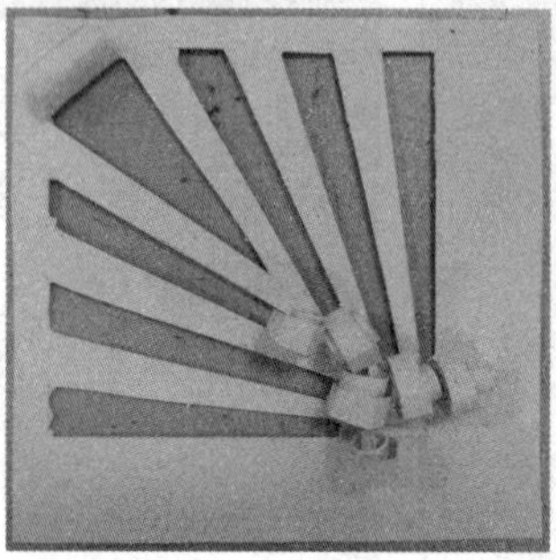 任务一 　　　　　　　　　　　任务二 任务预览
任务实施	任务一： （1）准备一张15 cm×15 cm规格的白色卡纸（具有一定厚度），以及铅笔、橡皮、格尺、剪刀或裁纸刀等工具，如图1所示。 （2）使用铅笔在白色卡纸上绘制草稿。先绘制一个矩形框，再以右下角交点为起始，依次绘制线段，最终呈现出若干有规律的三角形，如图2所示。 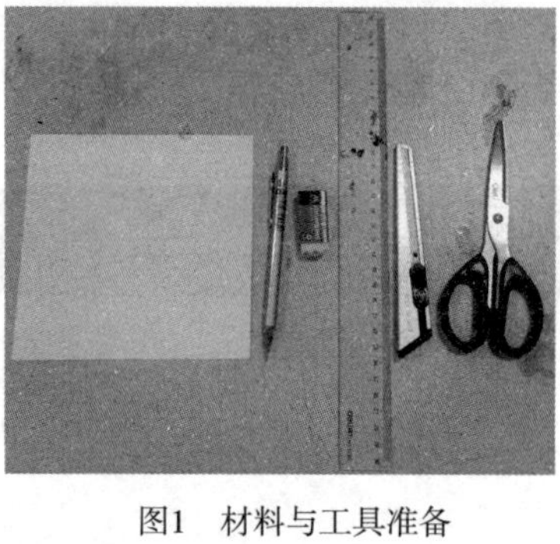 图1　材料与工具准备 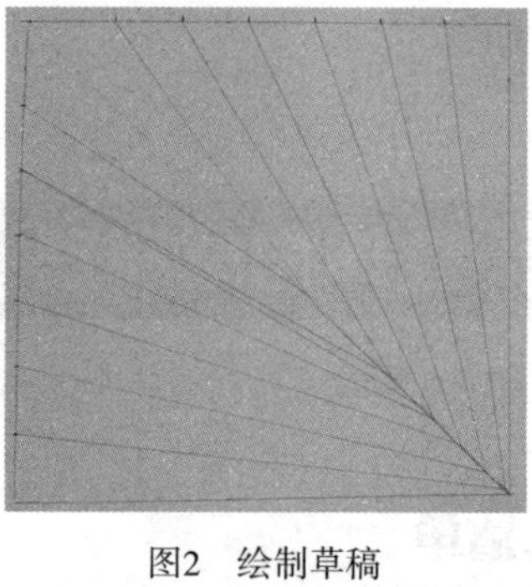　　　　图2　绘制草稿 （3）使用剪刀或裁纸刀，沿着绘制的草稿进行裁剪。裁剪时，需注意保留一部分与纸张部分的连接，如图3所示。 （4）依次将裁剪出的三角形进行卷曲，呈现出具有造型美感的弯曲形状，最终效果如图4所示。 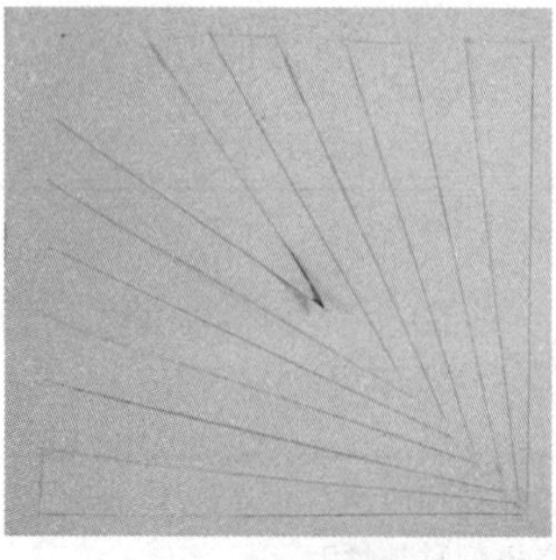 图3　裁剪过程 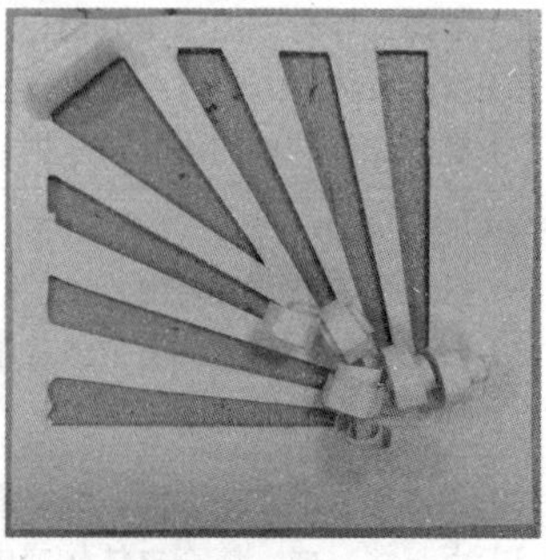　　　　　　　图4　完成效果

续表

任务名称	任务内容
任务实施	任务二： （1）准备一张15 cm×15 cm规格的白色卡纸（具有一定厚度），以及铅笔、橡皮、格尺、剪刀或裁纸刀等工具，如图5所示。 （2）使用铅笔在白色卡纸上绘制草稿。首先绘制出矩形框，再由四个对角延伸绘制线段，形成四个相等的三角形，之后在三角形内排布长度不同、等距离的平行线条，如图6所示。 图5　材料与工具准备　　　　图6　绘制草稿 （3）使用剪刀或裁纸刀，沿着绘制的草稿进行裁剪，并进行部分弯折，如图7所示。 （4）将部分进行90°的折叠，形成最终立体造型，如图8所示。 图7　裁剪过程　　　　图8　完成效果
任务总结	

知识要点

一、立体构成的造型要素

立体构成是一门研究立体造型的课程，在研究造型的过程中会涉及基本元素——点、线、面、体。通过使用点、线、面、体可以组成空间中的任何形态，研究如何应用基本元素是立体构成造型中的重要一环。

1. 点

点在几何学中是一个抽象的概念，它只有位置，没有长度、宽度和厚度，同样也没有大小、形状和方向。在平面构成中，点具有位置、大小、形状之分，主要通过在二维平面的不同排列方式，产生不同的形态效果。在立体构成中，点不仅具有位置、形状、方向，在这些基础上更具备了长度、宽度和深度，是三维空间中存在的实体。在立体构成中，点是一个相对的概念，并不是绝对的，例如，在图7-2-1所示的无印良品海报中，当视角拉的足够远时，草原与地平线上的蒙古包，会呈现出"点"；如图7-2-2所示，建筑的两个贝壳造型元素可以看作两个一大一小的"点"；如图7-2-3所示，在相机中，镜头中心可以被看作"点"。

图7-2-1 无印良品海报

图7-2-2 贝壳形态建筑设计

图7-2-3 富士相机

在立体构成中，点有实点与虚点之分。实点是指在构成中以现实形态呈现的点，能够被人们所感知。在一定范围内，任何以具体物质材料所构成的相对较小体积的视觉形态，以及所显现出来的各种小的局部形态，都属于实点的范畴。例如，沙滩上的石头、吊灯上的灯泡、树上的树叶等，如图7-2-4所示。

虚点与实点相比较，具有一定的抽象性，但在视觉设计中有着重要而独特的功能。它在不占用空间，更不具备材料、厚度、形状等特征的前提下，让人们意识到其存在的抽象位置，这些都属于虚点的范畴。虚点在视觉关系中，是一种借助现实形态在空间中的相互关系而被人感知的抽象概念，如起点、中心点、重点等，如图7-2-5所示。

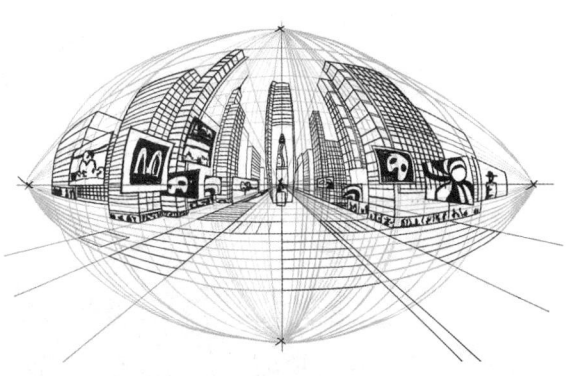

图7-2-4 沙滩上的鹅卵石　　　　　　　图7-2-5 透视的中心点

在点的构成中，可通过点的大小、点的亮度和点的距离等产生多样性的变化，从而产生不同的立体构成效果。等体积、等距离的点，会产生整体、统一的效果。但会相对显得单调一些，当点与点的距离越小时，越趋近于线。不同体积与距离进行排列的点，会产生丰富的层次感，生成立体感。如图7-2-6所示，在艺术家草间弥生的作品中，将大小不同的点有规律地排列，从而产生三维空间的效果。

2. 线

线在几何学中是点通过运动获得的轨迹，具有长度特征。在平面构成中，线既有长度，又有宽度和位置。在立体构成中，线具有长度、宽度和深度的空间特性，可以理解为细长的立体形态。与其他造型要素相比，线的特点更多地体现在连续性与延展性上。线是立体构成的基础，通过线的不同组合方式可以构成多样的、丰富的空间构成形态。如图7-2-7所示，换个角度看高压输电塔，钢铁结构的线变化也很美。

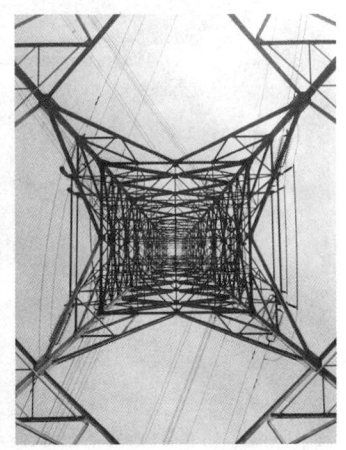

图7-2-6 草间弥生雕塑作品　　　　　　　图7-2-7 仰视视角下的高压电塔

线根据形态的不同，在立体构成中有直线和曲线之分。直线与曲线具有不同的特征与效果，会给人带来不同的心理感受。直线在立体构成中能够给人简洁、方向性强、力量感强等感觉，具有男性特征。直线可分为垂直线、水平线和斜线，如图7-2-8~图7-2-10所示。

图7-2-8 垂直线给人庄重、严肃、稳定的感受

图7-2-9 水平线给人平和、静止、安定的感受

图7-2-10　斜线给人动荡、活跃、活力的感受

曲线在立体构成中能够给人柔和、动态、变化、优雅等感觉。曲线具有丰富的变化，既能够呈现动感、飘逸的效果，又能够呈现温和、优雅的情调，具有女性化的特征。曲线可分为几何曲线和自由曲线，如图7-2-11、图7-2-12所示。

图7-2-11　几何曲线给人规范、严谨、冷漠的感受 　　图7-2-12　自由曲线给人随机、个性、复杂的感受

在立体构成中，线的作用是很大的，通常可以显示出形的外部轮廓，不同质感的线能够对人的情感产生不同的影响。因此，在立体构成中，选择不同形式的线，表达不同的效果，可以影响人们对立体造型的情感认识。如图7-2-13所示，在汽车设计中运用了大量复杂的线条造型，以达到不同的效果，在车顶与A柱、C柱上运用了曲线，增加车的运动感与灵动感，在车头与车尾运用直线，增加车的厚重感与稳定感。

图7-2-13 汽车设计中线条的应用

3. 面

面在几何学中是线移动的轨迹形成的,具有长度、宽度特性。在平面构成中,所有的"点""线"都可以称为面,其同样是由线运动的轨迹形成的,并且具有长度、宽度和位置。在立体构成中,面是具有长度、宽度、深度的,存在于三维空间中的实体,面的不同组合形式可以构造出千变万化的空间形式。如图7-2-14所示,音乐播放器的表面外观由镂空的面组成,极具视觉创意性。

面根据形态不同,可分为平面和曲面。它们分别具有不同的效果和特征,给人以不同的心理感受。平面是由直线来限定的面,在立体构成中给人以简洁、尖锐、硬朗等感觉,具有男性特征。如图7-2-15所示,在工业产品中,常应用平面来表现产品硬朗、结实、刚毅的直观感受。

图7-2-14 电子产品的镂空面　　　　图7-2-15 工业机械产品的直线面

曲面是由曲线来限定的面,在立体构成中给人以丰富、饱满、灵动等感觉,具有女性柔美的特征。如图7-2-16所示,在台灯的设计中,使用了柔和的曲面,灯光会呈现一种柔美的感觉。

在立体构成中,面的特点在于相较于点、线,其具有一定的造型感与承载力,能够塑造出更多的造型,同时,面与线的联系也是非常紧密的,通常结合着生成相对的造型。面通常具有强烈的方向性与分割性。如图7-2-17所示,在室内设计中,常使用面来分割空间。

图7-2-16　台灯的曲线面　　　　　　　　　图7-2-17　室内设计中面的使用

4. 体

体在几何学中是通过面的围合形成的，具有长度、宽度、高度、深度的特性。体是立体构成中最基本也是最核心的表现。将平面构成中的点、线、面增加厚度，即可形成体。体是具有位置、长度、宽度与重量的立体实体，其是连续的面的组合，是最能表现三维空间感的立体造型。如图7-2-18所示，在建筑设计中，常使用体块体现厚重、稳重的设计感，使建筑从心理上给人以稳定的感觉。

根据形态的不同，可将体分为几何形体、曲面体、自由曲面体，其分别具有不同的特征。几何形体主要以直线与棱线为主，以方体、三角体、棱柱体为主要造型语言，通过几何形体的构建能够给人简洁、大方、稳定的感觉。如图7-2-19所示，在现代建筑的设计中应用了几何形体，建筑整体规整、有序，同时，极大限度地利用了土地空间。

图7-2-18　体在建筑中的使用

图7-2-19　几何形体在现代建筑中的应用

曲面体的表面是曲面或是曲面与平面的结合，一般通过旋转等方式生成，自由曲面体相较于曲面体的造型，更加多样化。曲面体与自由曲面体能够给人以活泼、优美、灵动的感觉。如图7-2-20所示，《永无止境》是为纪念北京外国语大学建校八十周年而创作的雕塑，在该作品中应用了自由曲面体，使作品呈现出自由灵动的感觉。

图7-2-20　北京外国语大学建校八十周年雕塑《永无止境》

二、立体构成的形式美法则

与平面构成相同，立体构成也是一项体现形式美感的构成形式。形式美法则是造型设计中必须遵循的美学设计原理，其在不同过程的形式上的体现，在保持一致性的同时会有一些区别。立体构成的形式美法则不但要进行有序的分解、排列和组合，更要考虑造型的材料特性、统一特性、空间特性等。

1. 比例与尺度

在立体构成中，造型往往是由多个部分组成的，这种由局部与整体在不同尺度的对比关系体现出的形态美感，即为比例美感。

比例与尺度是立体构成中重要的形式美法则，各个造型元素通过比例达到和谐美的统一，呈现出造型美感。在立体构成设计中，正确的比例关系会使人感觉舒适，同时，会使整体造型结构更加稳定、均衡，能够保证造型的立体成型效果。

形体的比例与尺度关系大致可分为三种：一是常规比例，是指形体的长、宽、高的数值比。二是相对比例，是指形体与形体之间的相对比例关系，如图7-2-21所示，在室内设计中，应用了体块的相关比例关系，制造出了一定的形式美感。三是固定比例，是指数理上的经典比例关系，如黄金分割比、等差数列、等比数列等，如图7-2-22所示，帕特农神庙的设计代表了右希腊建筑艺术的最高水平，是古代建筑最伟大的典范之作，其采取八柱的多立克式，东西两面是8根柱子，南北两侧则是17根，东西宽31 m，南北长70 m。东西两立面（全庙的门面）山墙顶部距离地面19 m，也就是说，其立面高与宽的比例为19∶31，接近希腊人喜爱的"黄金分割比"。

图7-2-21 应用了比例与尺度美的室内设计　　　　图7-2-22 帕特农神庙的比例设计

2. 对称与平衡

在立体构成中，形体之间或同一形体的不同部分之间的和谐统一关系，称为对称与平衡。对称与平衡法则可以使形体具有稳定、整齐、协调、庄重、完美等美感，同时，可以在稳定中寻找变化。

对称与平衡最常应用到建筑设计中，建筑以中轴线为中心，两边形体的形态与体积完全一样，会给人庄重、稳定的感觉，同时，对称与平衡在建筑结构上也更加便于施工的整体稳定性。如图7-2-23所示的美国电报电话大厦建筑设计中，应用了对称与平衡的形式美，整体建筑极具秩序与理性感。

图7-2-23　美国电报电话大厦建筑设计

对称与平衡在构成设计中具有另一种应用方式，即非对称平衡，也叫作相对平衡。非对称平衡是指在立体构成中，同一形体的两个或多个部分形态不同，但整休休量相似，从而达到平衡。非对称平衡是在具备一定稳定、秩序感的同时，由于外观结构的特殊性，又具备了一定的灵活性，更能够吸引视线从而产生美感。如图7-2-24所示的北京的中央电视台总部大楼建筑设计，采用了非对称平衡形式美感，整体建筑极具设计感。

图7-2-24　中央电视台总部大楼建筑设计

3. 对比与调和

对比与调和法则在形式美法则中占据重要地位，对比是变化的一种手段，是创造、变化形式美感的重要语言，它能够赋予形态生动、活泼、动感的感觉，经常能创造出让人意想不到的效果；而调和是协调的一种手段，是强调共同性、近似性的重要语言，它能赋予形态过渡、中和、和谐的感觉，是统一形态效果的一种手段。

（1）形体的对比与调和：不同形状与体积的形态，体现在立体构成中呈现出对比与调和关系，如形体的方圆、大小、多少等，将其放在一起组成的对比形式，它们之间既有整体性，又有着一定的变化。如图7-2-25所示为以竹子为造型元素进行设计的一套水杯，对比与调和的形式美感使整体设计既统一具有竹子元素，造型整体，又在每个竹节杯上进行大小、粗细的变化，制造出丰富的造型感。

图7-2-25 竹节杯设计

（2）色彩的对比与调和：物体的表面颜色经过设计，会呈现出不同的色彩关系。在立体构成中不同的色彩色相、明度、饱和度，形体会呈现出不同的色彩感受，例如，暖色调的物体会给人温暖、阳光的心理感受，冷色调的物体会给人冷静、安定的心理感受。当物体中的色彩相互对比时，在视觉上会营造出强烈的刺激感；而当物体中的色彩相互调和时，又会在视觉上营造出和谐的秩序感。在立体构成中，利用好色彩之间的关系，可以取得出奇的造型效果。如图7-2-26所示为以纸为材料进行的香薰造型设计，通过加以高明度、高纯度、不同色相的色彩，在产品清新香气的基础上，赋予其水果的感觉。

（3）虚实的对比与调和：在立体构成中，实体是指封闭的立体，而虚体则代表空间，两者为互补存在的关系。两者的对比与调和关系主要体现在正负、凸凹、虚实等，在立体构成中不要局限于形体本身，还可考虑结合空间进行相关的创意。如图7-2-27所示，在座椅设计中使用了点元素的渐变，结合亚克力透明材质，营造出了虚与实的形式美感。

4. 稳定与轻巧

因为立体构成区别于其他构成形式，为三维空间中的形体，所以其具备稳定或轻巧的视觉感受。形体的稳定性能够给人威严、厚重、牢固的心理感受，形体的轻巧能够给人活泼、轻盈、松弛的心理感受，两者在设计应用中常会结合不同的方式，应用于相关的构成设计。

图7-2-26　剪纸水果香薰设计

图7-2-27　座椅设计

项目八　立体构成材料的探索

🔍 知识目标

1. 了解立体构成中常用材料的种类。
2. 认识并掌握立体构成中常用材料的特性。
3. 掌握立体构成的材料加工工艺。
4. 了解并掌握立体构成中的材料美学。

🔍 能力目标

1. 能够熟练掌握并运用不同材料进行立体构成创作。
2. 能够熟练结合不同材料特性进行对应的制作加工。
3. 能够熟练运用各种材料进行相关作品的设计。
4. 具备运用各种材料的不同特性进行对应创作的能力。

🔍 素质目标

1. 培养学生对立体构成材料的美学感知。
2. 培养提升学生的立体材料实践创作经验。
3. 加深培养学生对于在设计中材料方面的环境保护意识。

任务一　纸材立体构成

任务清单

任务名称	任务内容
任务目标	（1）了解立体构成的材料分类； （2）掌握纸材的材料特性； （3）掌握纸材的加工工艺； （4）掌握纸材的立体构成造型方法
任务要求	准备以下工具及材料： （1）10 cm×10 cm（自行裁剪）黑色KT板9张； （2）白色卡纸、面巾纸、快递包装纸盒若干； （3）自动铅笔、橡皮、剪刀或裁纸刀； （4）圆规、格尺、502胶水或热熔胶枪等辅助工具
任务思考	（1）纸材在视觉上具有哪些特征？ （2）加工纸材可以采用何种方法？使用何种工具？ （3）怎样利用纸材的特性进行立体构成创作？ （4）废旧纸材能否进行再次利用与创作？
任务计划	请完成以下内容： 任务预览

续表

任务名称	任务内容
任务实施	（1）请根据图示完成相关任务，使用硬质纸张完成如图1所示效果。 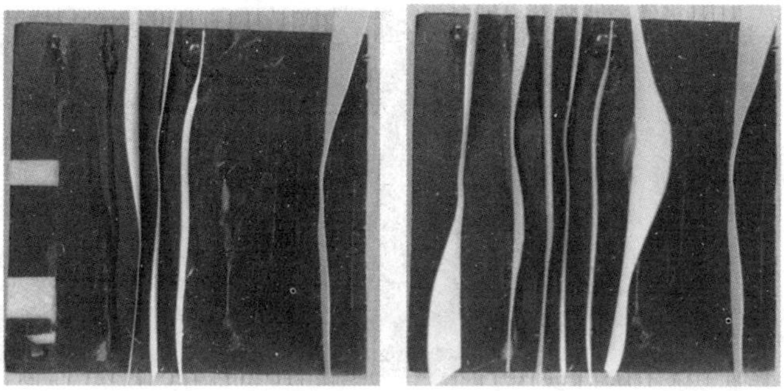 （a） （b） 图1　纸构成训练（一） （a）过程；（b）最终效果 （2）请根据图示完成相关任务，使用纸巾完成如图2所示效果。  （a） （b） 图2　纸构成训练（二） （a）过程；（b）最终效果 （3）请根据图示完成相关任务，使用硬质纸张完成如图3所示效果。 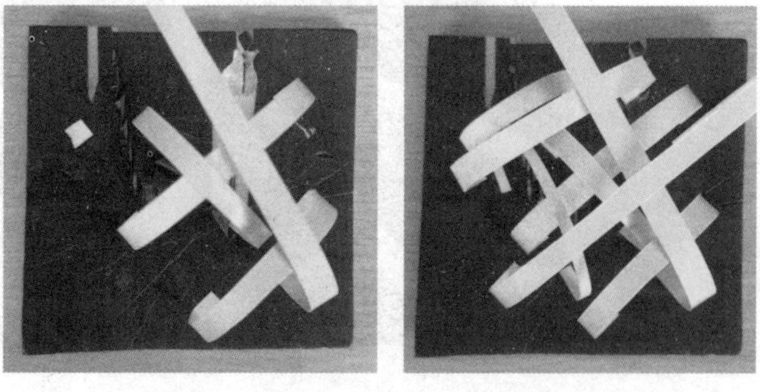 （a） （b） 图3　纸构成训练（三） （a）过程；（b）最终效果

续表

任务名称	任务内容
任务实施	（4）请根据图示完成相关任务，使用软质牛皮纸完成如图4所示效果。 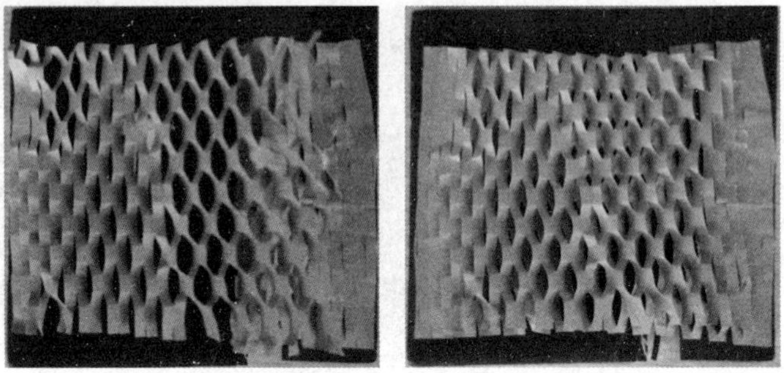 （a）　　　　　　　　（b） 图4　纸构成训练（四） （a）过程；（b）最终效果 （5）请根据图示完成相关任务，使用硬质纸张完成如图5所示效果。 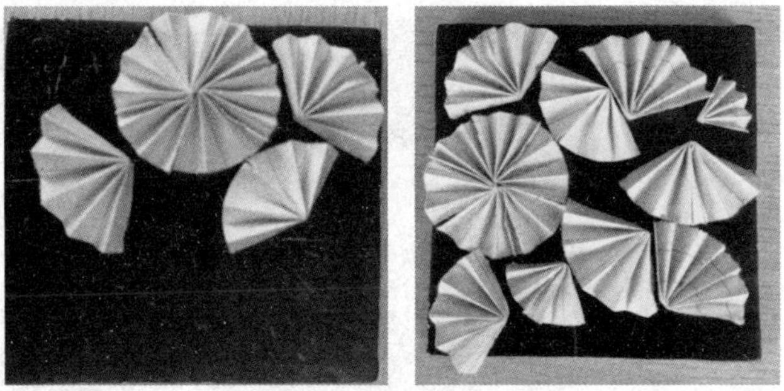 （a）　　　　　　　　（b） 图5　纸构成训练（五） （a）过程；（b）最终效果 （6）请根据图示完成相关任务，使用纸张完成如图6所示效果。  （a）　　　　　　　　（b） 图6　纸构成训练（六） （a）过程；（b）最终效果

续表

任务名称	任务内容
任务实施	（7）请根据图示完成相关任务，使用硬质纸张完成如图7所示效果。 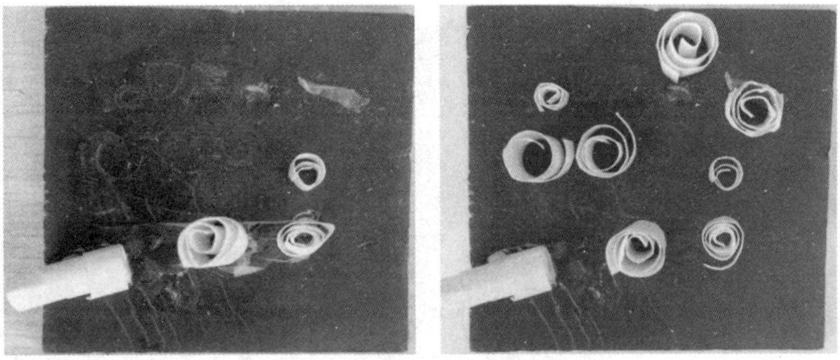 （a）　　　　　　　　　　（b） 图7　纸构成训练（七） （a）过程；（b）最终效果 （8）请根据图示完成相关任务，使用废弃纸盒完成如图8所示效果。 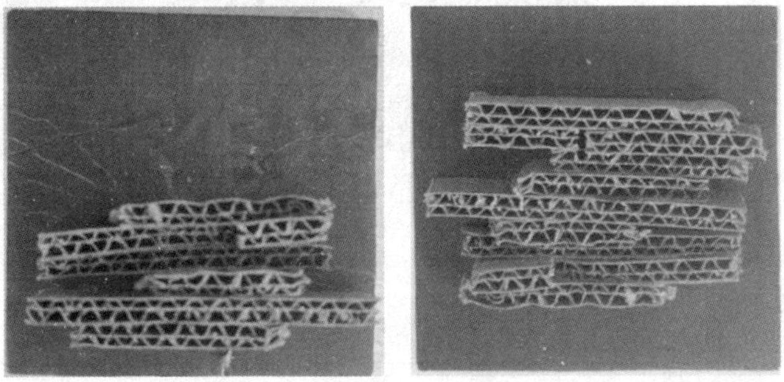 （a）　　　　　　　　　　（b） 图8　纸构成训练（八） （a）过程；（b）最终效果 （9）请根据图示完成相关任务，使用废弃纸盒完成如图9所示效果。 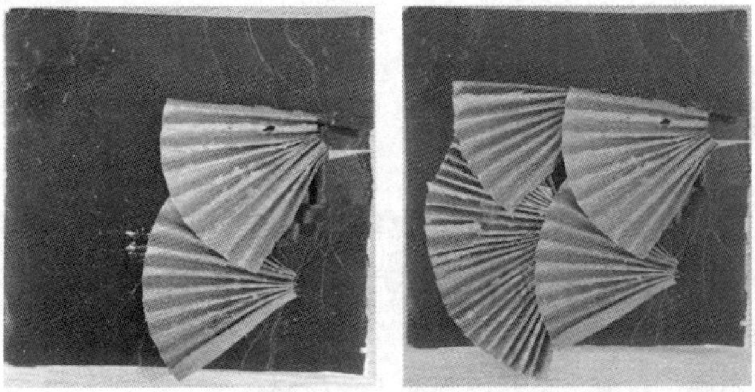 （a）　　　　　　　　　　（b） 图9　纸构成训练（九） （a）过程；（b）最终效果

任务名称	任务内容
任务实施	（10）将以上9项构成训练成果粘贴到一张展示板上，形成如图10所示最终效果。 图10　最终效果
任务总结	

知识要点

一、立体构成中材料的分类

材料是研究立体构成的基础，一切立体构成的造型、结构、功能都是依托不同材料的特性进行展现的。对于繁杂的材料，具有多种分类方法，可以基于立体构成的不同角度进行相关的分类。

1. 按材料来源分类

按材料来源不同，可分为自然材料和工业材料。

（1）自然材料是指自然界中天然形成的材料，如木头、石头、土壤、沙石、贝壳等。该类别材料为自然形成，没有任何人为加工的材料，其具有天然形成的形状、质量、结构、肌理，在视觉上具有天然、淳朴的效果及一定的亲和力，如图8-1-1所示。

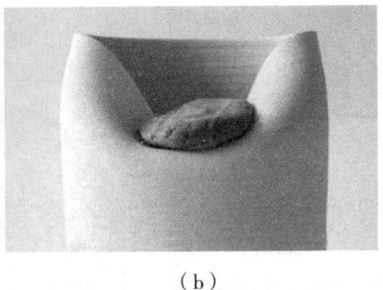

图8-1-1 自然材料
(a) 木材；(b) 石材；(c) 泥土

（2）工业材料是指通过人为参与而产生的材料。其中一部分为对自然材料通过一定的工艺进行二次加工的材料，如纸张、纤维、陶瓷等；另一部分为通过工业技术合成的材料，如金属、玻璃、橡胶等，如图8-1-2所示。

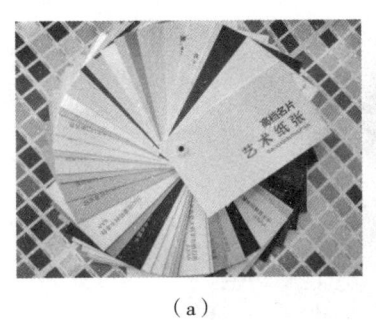

图8-1-2 工业材料
(a) 纸张；(b) 金属；(c) 陶瓷

2. 按造型形态分类

按造型形态不同，可分为点状材料、线状材料、面状材料和块状材料。

（1）点状材料是指呈现点形态的材料，如石子、沙子、珍珠等，如图8-1-3所示。

图8-1-3 点状材料
(a) 石子；(b) 珍珠

（2）线状材料是指呈现线形态的材料，根据质地不同，可分为硬质线状材料与软质线状材料，如铁丝、木条、麻绳等，如图8-1-4所示。

（a）　　　　　　　　　　　　（b）

图8-1-4　线状材料
(a) 铁丝；(b) 筷子

（3）面状材料是指呈现面形态的材料，其种类较多，并通常具有较薄的厚度，如纸张、木板、铁片等，如图8-1-5所示。

（a）　　　　　　　　　　　　（b）

图8-1-5　面状材料
(a) 纸张；(b) 木板

（4）块状材料是指呈现体块形态的材料，与面状材料相比其更具有厚重感，且占有一定的空间，如木头块、石膏块、水泥块、金属块等，如图8-1-6所示。

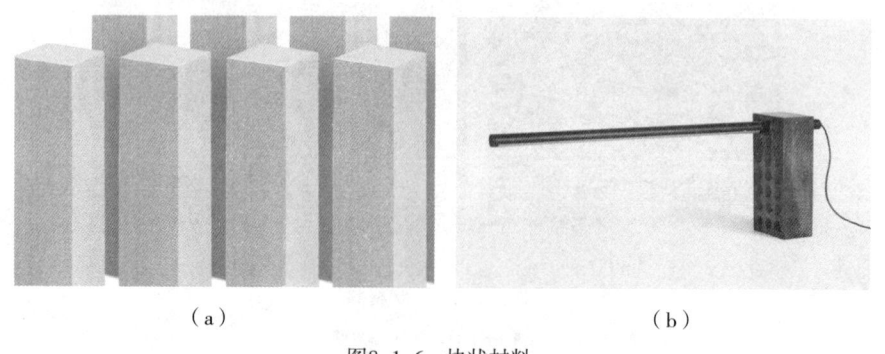

（a）　　　　　　　　　　　　（b）

图8-1-6　块状材料
(a) 木头块；(b) 石膏块

二、纸材的特性

在立体构成中,纸是最简便、最常用的材料,常见的如打印纸、卡纸、彩纸、铜版纸、纸盒等。纸材的可塑性较强,也易于加工。同时,废旧的纸张与纸盒也可作为立体构成的材料,利用废旧纸材进行立体构成的再创作,也会为环境保护作出一定的贡献。

在立体构成中,纸材是一种常用的材料,其特性如下。

1. 轻便

纸材相对较轻,便于运输和操作,不会给立体构成作品带来过大的重量负担。

2. 易加工

纸材具有较强的可塑性和可加工性,可以通过折叠、切割、卷曲、粘贴等方式进行造型和加工,方便实现设计者的意图。

3. 成本低

纸材价格相对较低,能够降低立体构成的成本,使更多的人能够尝试和探索立体构成的设计与创作。

4. 环保

纸材是由植物纤维制成的,可回收再利用,是一种环保材料。使用纸材可以减少对非可再生资源的依赖和浪费。

5. 表现力强

纸材可以通过染色、印刷、剪切、折曲等方式,表现出丰富的纹理、色彩和形态,具有较强的表现力。

6. 可塑性强

纸材具有一定的可塑性,可以通过加热、加湿、拉伸等方式进行塑形,实现设计者的创意。

综上所述,纸材由于其种类较多,可根据不同特性的纸材进行多样化创作。在创作过程中,可利用不同纸材的颜色和特点进行相关的立体构成展示,如图8-1-7、图8-1-8所示。

图8-1-7 纸雕艺术　　　　　　图8-1-8 纸雕立体书

三、纸材的加工工艺

纸材料由于其具有多种形式与特性，在现实中可进行多种加工方式，也具有较多的工艺，简单的如剪裁、粘合、炙烤等，也有较为复杂的如纸浆、印刷、装订。此处列举几种最为常用的加工工艺。

1. 纸材的剪裁工艺

纸材料本身厚度较薄，所以，可借助剪刀或裁纸刀进行剪裁加工，可根据自己的想法随意地剪裁出相对应的造型。通常情况下，剪裁也是对纸材料进行深度加工的初步工艺，剪裁后的纸张可以进行便利的分解与组合。如图8-1-9所示为使用剪裁工艺制作的立体构成作品。

在日常生活中，常使用剪裁工艺进行包装、书籍、印刷、剪纸等制作。根据不同的剪裁方式，再结合印刷、插接、粘合等形式能够制作出多种效果的立体构成作品。如图8-1-10所示的月饼包装礼盒的设计中，利用剪裁将纸材料制作出兔子的可爱造型。

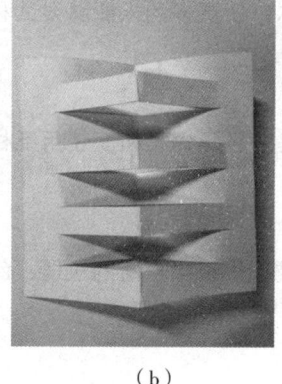

（a）　　　　　　　　（b）

图8-1-9　使用剪裁工艺制作的立体构成作品
（a）裁剪+接合；（b）裁剪+折叠

图8-1-10　月饼包装礼盒

2. 纸材的接合工艺

纸材由于本身的物理特性，非常易于拼接，在常规的材料处理上，会经常使用接合相关工艺，如粘合、拼接、插接等，如图8-1-11所示。

3. 纸材的弯折工艺

弯折工艺是纸材料最常用的工艺之一，因为纸的质地相对较软，所以，常使用此方式将纸张制作出各种美观的造型，如图8-1-12所示，大部分人在小的时候都折过纸飞机、纸鹤等。

在立体构成的训练中，因为要使用材料尽可能多地制作造型，所以，弯折工艺常会结合裁剪、接合等工艺共同使用，在训练中可以多尝试对纸张进行折叠探索，如图8-1-13所示。

项目八 立体构成材料的探索 215

（a） （b）

图8-1-11 使用接合工艺制作的立体构成作品
（a）粘合拼贴画；（b）纸张插接作品

（a） （b）

图8-1-12 纸的弯折
（a）纸飞机；（b）纸鹤

图8-1-13 使用纸材弯折的立体构成作品

四、纸材的造型方法

在立体构成设计中,使用纸材料时,按照一定的方法可以制作出特定的造型效果,常见的造型方法如下。

1. 浮雕

以纸为材料,利用相关工艺制作的类似浮雕的效果,在制作过程中,会利用到纸的裁切、折叠、弯曲等手法,效果具有很强的装饰性,但在立体感上表现一般。

在较薄的纸张上进行加工,使其形成高低差,类似纹理的效果,特别是使用单一颜色的纸张进行,能够体现出阶梯似的造型细节变化,称为平面浮雕。如图8-1-14所示,剪纸艺术即是纸张的平面浮雕的一种。

图8-1-14 剪纸艺术作品

在对纸材的加工过程中,利用了纸材料的弯曲性与延展性,制作出带有曲线或曲面的造型,称为曲面浮雕。如图8-1-15所示便是利用了纸张的弯曲,制作出的立体构成作品。

(a) (b)

图8-1-15 纸材曲面浮雕作品
(a)剪裁+弯曲;(b)剪裁+接合+弯曲

2. 折叠

纸材具有相当强的柔韧性，所以，在立体构成中常使用此材料进行不同维度的立体造型探索，制作出折叠的造型，如立体书、贺卡等。折叠的造型方法能够简单、快速、便捷地制作出相对立体的效果，并且也能够制作出较为复杂的立体造型，如图8-1-16所示。

一张纸通过对折后再接合剪裁，展开后往往会创造出意想不到的效果，如图8-1-17所示，传统剪纸就是利用了纸张的这一造型方法。在使用多张纸张进行折叠与剪裁后，再通过胶水进行粘合，能够制作出更加复杂的折叠造型，如图8-1-18所示。

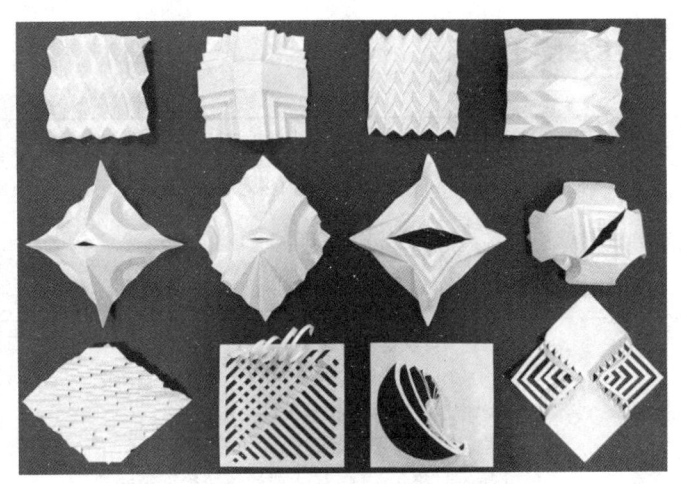

图8-1-16　折叠造型的贺卡　　　　　　图8-1-17　单张纸的折叠造型效果

3. 插接

在纸材的立体构成中，常使用插接的造型方法，所谓插接，即是利用纸张的易进行加工剪裁的同时，又具有一定硬度的特性，制作出特定的凸起与凹陷，再进行拼接，完成最终效果。运用插接的造型方法制作出的纸材立体效果往往立体感较强，且具有一定的支撑结构，在玩具的设计中常被使用，如图8-1-19所示。

图8-1-18　多张纸的复杂折叠造型效果　　　　　图8-1-19　插接造型的玩具

任务二　木材立体构成

任务清单

任务名称	任务内容
任务目标	（1）了解立体构成中的常用材料特性； （2）掌握木材的材料特性； （3）掌握木材的加工工艺； （4）掌握木材的造型方法
任务要求	准备以下工具及材料： （1）10 cm×10 cm（自行裁剪）黑色KT板9张； （2）木棍、棉签、树枝若干； （3）自动铅笔、橡皮、剪刀或裁纸刀； （4）圆规、格尺、502胶水或热熔胶枪等辅助工具
任务思考	（1）木材在视觉上具有哪些特征？ （2）加工木材可以采用何种方法？使用何种工具？ （3）怎样利用木材的特性进行立体构成创作？ （4）木材能够加工成何种具有美感的造型？
任务计划	请完成以下内容： 任务预览

续表

任务名称	任务内容
任务实施	（1）请根据图示完成相关任务，使用木质杆的棉签完成如图1所示效果。 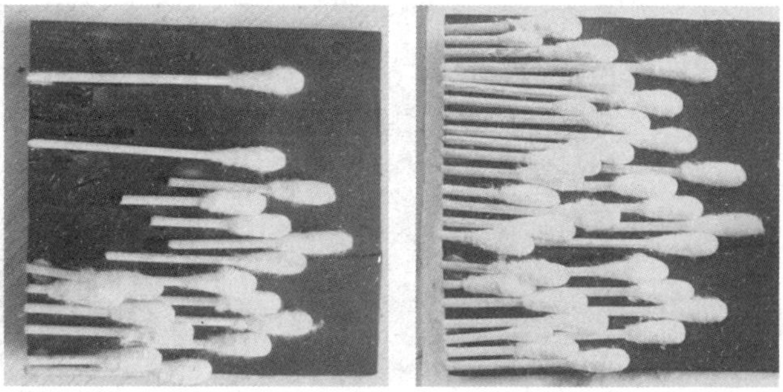 （a）　　　　　　　　　（b） 图1　木材构成训练（一） （a）过程；（b）最终效果 （2）请根据图示完成相关任务，使用木质杆的棉签完成如图2所示效果。  （a）　　　　　　　　　（b） 图2　木材构成训练（二） （a）过程；（b）最终效果 （3）请根据图示完成相关任务，使用木质杆的棉签完成如图3所示效果。 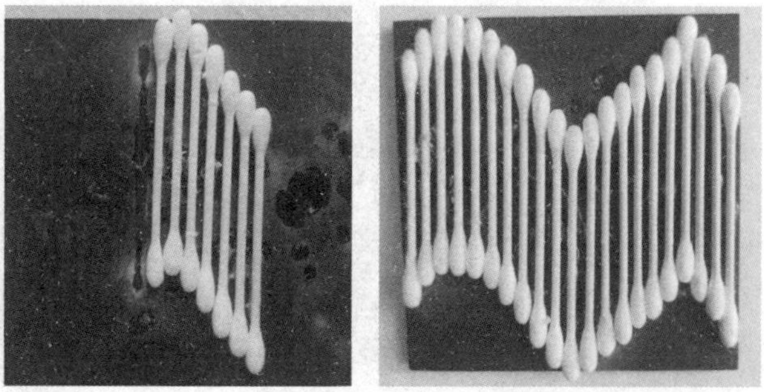 （a）　　　　　　　　　（b） 图3　木材构成训练（三） （a）过程；（b）最终效果

续表

任务名称	任务内容
任务实施	（4）请根据图示完成相关任务，使用树枝完成如图4所示效果。  （a）　　　　　　　　　（b） 图4　木材构成训练（四） （a）过程；（b）最终效果 （5）请根据图示完成相关任务，使用树枝完成如图5所示效果。 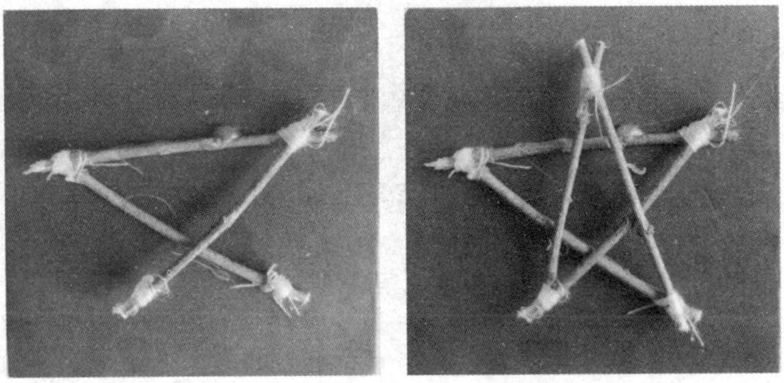 （a）　　　　　　　　　（b） 图5　木材构成训练（五） （a）过程；（b）最终效果 （6）请根据图示完成相关任务，使用树枝完成如图6所示效果。 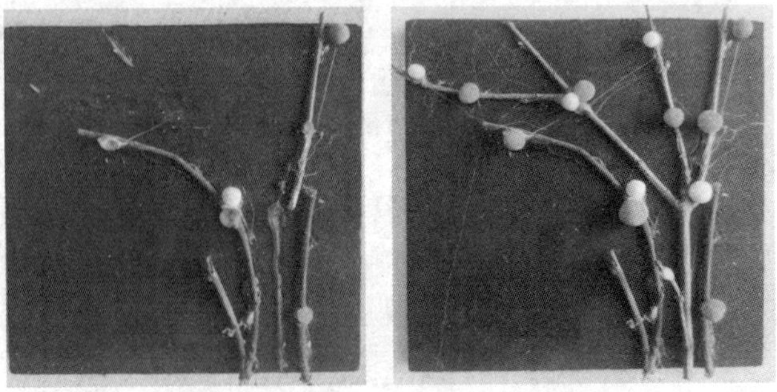 （a）　　　　　　　　　（b） 图6　木材构成训练（六） （a）过程；（b）最终效果

续表

任务名称	任务内容
任务实施	（7）请根据图示完成相关任务，使用细木条完成如图7所示效果。  （a）　　　　　　　　　　（b） 图7　木材构成训练（七） （a）过程；（b）最终效果 （8）请根据图示完成相关任务，使用细木条完成如图8所示效果。 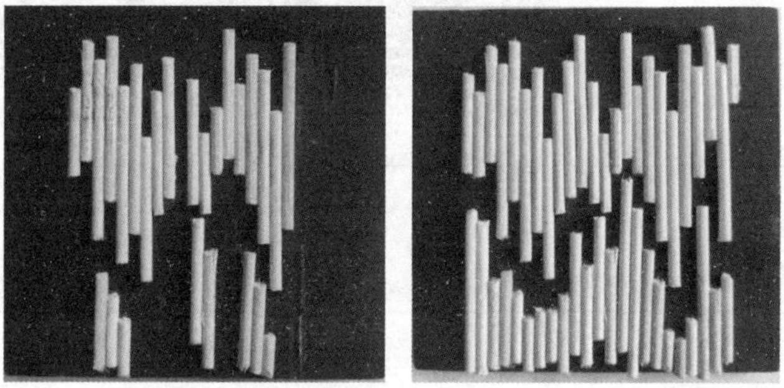 （a）　　　　　　　　　　（b） 图8　木材构成训练（八） （a）过程；（b）最终效果 （9）请根据图示完成相关任务，使用细木条完成如图9所示效果。 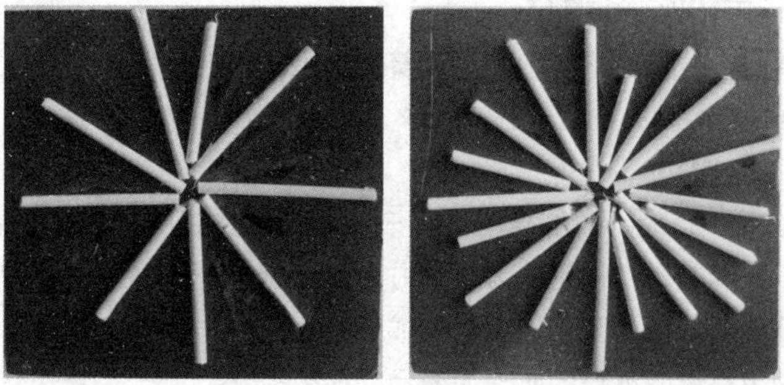 （a）　　　　　　　　　　（b） 图9　木材构成训练（九） （a）过程；（b）最终效果

续表

任务名称	任务内容
任务实施	（10）将以上9项构成训练成果粘贴到一张展示板上，形成如图10所示最终效果。 图10　最终效果
任务总结	

知识要点

一、立体构成中的材料特性

在立体构成中，材料的不同特性决定着其加工方法与最终的成型效果，在立体造型设计中，设计师往往会根据材料特性去考量并进行创作。

1. 材料的基本特性

在立体构成中，因为不同的材料能够表现出不同的设计风格，所以，了解材料的基本特性是很有必要的。材料的基本特性可分为三个方面，分别为肌理特性、物理特性和象征意义。肌理特性为材料的基本外观特征，主要表现材料构成的基本视觉与触觉，例如，木材的肌理具有其特有的纹理，石材的肌理为粗糙，纸材的肌理为光滑，如图8-2-1所示；物理特性为材料的基本物理属性，主要表现人们对材料的客观认识，例如，木材为坚硬、不耐火、耐久，金属为坚硬、耐火、导热，如图8-2-2所示；象征意义为材料的情感认知，是人们对材料的主观认识，受文化、历史、环境的影响，如木材为传统、金属为现代，如图8-2-3所示。

图8-2-1 肌理特性
（a）木材肌理；（b）石材肌理；（c）纸材肌理

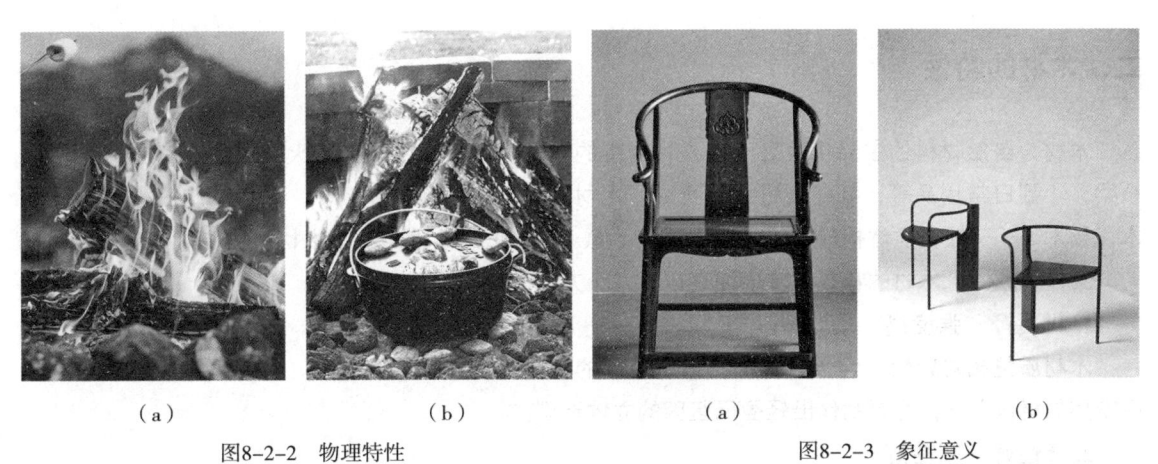

图8-2-2 物理特性
（a）木材物理特性——不耐火；（b）金属物理特性——耐火

图8-2-3 象征意义
（a）木材——传统；（b）金属——现代

2. 材料的力学特性

材料的力学特性主要研究材料在受各种力的条件下产生的变化，包括产生的变形、断裂和位移等。

在立体构成中，通常会利用材料的力学特性进行相对应的加工。同时，材料在外力作用下所产生的变化是随着力的改变而改变的，不同的力可以使材料产生不同的变形，如弯折、折叠、切割等，均为不同的形式。

3. 材料的视觉特性

材料的视觉特性是指在材料加工时外观展现的美感，不同材料在未进行加工时即拥有一部分特性的视觉特性，如木材上的木纹美、金属上的光感美、陶瓷上的釉色美等。在对材料进行加工时，也可根据不同的工艺制作出不同的视觉美感，如玻璃上的花纹美、塑料的磨砂美、木材的雕刻美等，如图8-2-4、图8-2-5所示。

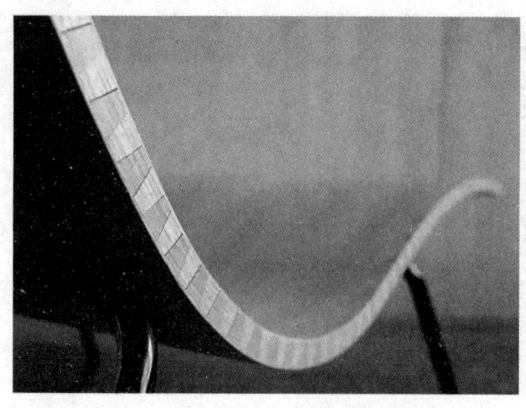

图8-2-4　木板的弯压　　　　　　　　图8-2-5　塑料的磨砂质感美

二、木材的特性

木材为自然材料的主要代表之一，是可再生的环保材料，在生活中，大到居住的房屋、行走的桥梁，小到日常用品等，都随处可见其身影。木材取自树木，其种类较多，如椴木、白松木、云杉木、杨木等，一般在立体构成中，常使用工整平稳、成本低、纹理美观的木材。

立体构成中，木材的特性主要表现在以下几个方面。

1. 材质轻、强度高

木材质量相对较轻，但强度很高，具有良好的承重能力和抗弯曲能力。这使木材成为立体构成中常用的材料之一，可以制作出轻盈而坚固的立体造型。

2. 弹性好、韧性好

木材具有一定的弹性和韧性，不易发生断裂或变形。这使木材在立体构成中能够适应一定的压力和张力，保持其形态的稳定性。

3. 纹理自然、美观

木材的纹理自然、美观，给人以温馨、自然的感觉。在立体构成中，可以通过木材的纹理和色泽，表现作品的质感和美感，增强作品的视觉效果。

4. 可加工性强

木材可以通过锯、刨、削、磨等多种加工方式，进行造型和修饰。这使木材在立体构成中能够制作出各种不同的形态和表面效果，增强作品的层次感和细节表现。

5. 具有天然环保性

木材是天然可再生资源，使用木材进行立体构成，能够减少对非可再生资源的依赖和浪费。同时，木材的加工过程相对环保，对环境的影响较小。

木材立体构成和木雕艺术如图8-2-6、图8-2-7所示。

图8-2-6　木材立体构成　　　图8-2-7　木雕艺术

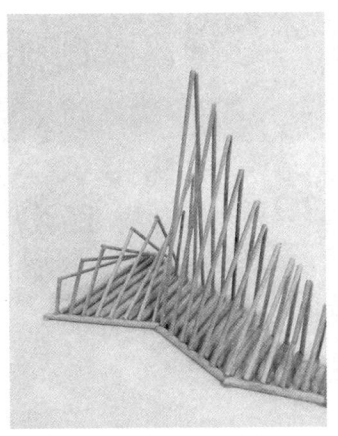

三、木材的加工工艺

木材的材料特点之一就是易加工，与其他材料相比，其质量较轻且较为柔软。同时，在木材的加工中也需注意容易出现断裂、变形的情况。木材常见的加工工艺主要包括以下几项。

1. 锯切

将原木用锯条、锯床等设备进行锯切，使其成为所需要的尺寸和形状。锯切的方式有粗锯、细锯、横锯和斜锯等。锯切是木材的基本分割方法，由于木材的硬度特性，通常使用硬度更深的金属锯条进行切割，如图8-2-8所示。

2. 刨光与打磨

刨光是指通过刨床等设备，将锯切好的木材表面刨光，使其表面平整、光滑。打磨是指通过打磨机等设备，对木材表面进行打磨，使其光滑度更高，同时，可以去除表面瑕疵。刨光与打磨都是处理木材表面的加工工艺，由于木材的材料特性，原始材料的表面较为粗糙，需要对表面进行刨光与打磨处理后进而深度加工，如常见的木制家具都需要这两种工艺，如图8-2-9所示。

3. 雕刻

雕刻是传统木雕艺术中常用的技法，其利用木材的部分软质特性，使用工具在其表面进行加工，形成具有一定装饰美感的图案，在传统家具、木雕等木制产品中经常被使用。雕刻后的木材一般需要进行打磨处理，使其形成更好的观感，如图8-2-10所示。

4. 涂漆

涂漆是指对木材进行上色和保护处理，以增强其耐久性和美观性。由于木材具有一定的易受潮与易腐蚀的特性，利用特有油漆对木材表面进行喷涂处理，能够有效地弥补这一缺点，通过不同的漆面，也会增加材料的美观程度。木材油漆大致可分为硝基漆、聚氨酯漆、水性木器漆和醇酸树脂漆等，如图8-2-11所示。

（a） （b）

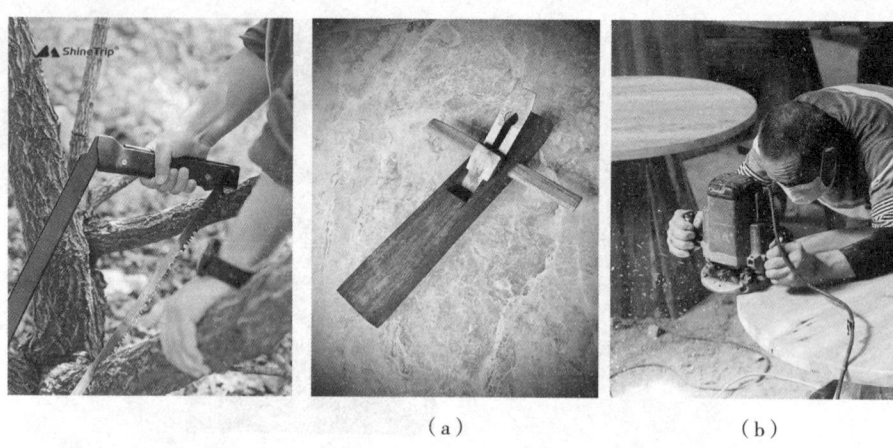

图8-2-8　木材的锯切

图8-2-9　刨光与打磨
（a）木工刨；（b）木材打磨过程

图8-2-10　雕刻

图8-2-11　涂漆效果

四、木材的造型方法

1. 榫卯造型

榫卯是一种传统的木工工艺，它通过在两个木构件之间创造一定规格的凹凸结构，实现两个木构件的固定和连接。榫卯造型在建筑、家具和其他木制品中广泛应用，是我国古代建筑和家具的主要结构方式，如图8-2-12所示。

榫卯由榫头和卯眼两部分组成，凸出的部分叫作榫或榫头，凹入的部分叫作卯或卯眼。榫头和卯眼的形状及大小必须匹配，以便它们可以紧密地结合在一起。榫卯结构的优点在于它具有较高的强度和稳定性，可以承受较大的荷载和压力，如图8-2-13所示。

根据不同的需要和用途，榫卯造型有多种不同的类型，如直榫、燕尾榫、圆榫、格肩榫等。这些不同类型的榫卯结构各有其特点和适用范围，可以根据实际情况选择适合的榫卯结构，如图8-2-14所示。

图8-2-12　木制榫卯结构 　　　图8-2-13　榫头和卯眼 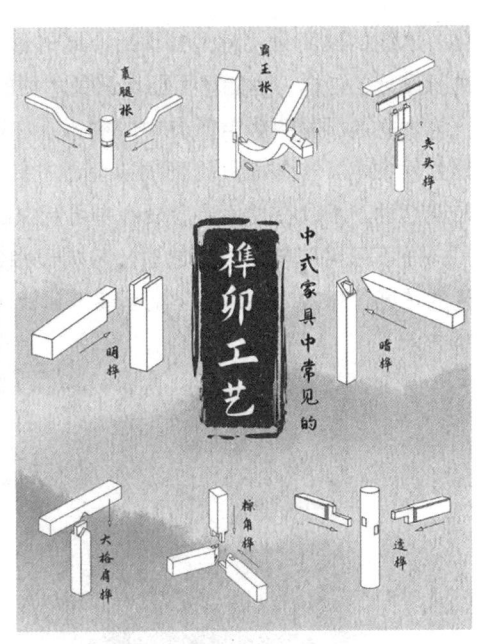　　　图8-2-14　常见的榫卯工艺

榫卯造型的制作需要高超的木工技艺和经验，因为它的制作精度和质量直接影响连接的牢固性与整体结构的稳定性。在传统木工行业中，制作榫卯造型是一项非常考验技术水平的任务，需要木工具备扎实的基本功和丰富的实践经验。

总体来说，榫卯是一种具有很高实用价值和艺术价值的传统木工工艺，它体现了我国古代木工的智慧和技艺。在现代社会中，虽然有了许多新的连接和固定技术，但榫卯结构仍然在许多领域中得到应用，因为它具有不可替代的优势和特点，在建筑中的榫卯造型应用如图8-2-15、图8-2-16所示，利用榫卯结构制作的立体构成作品如图8-2-17所示。

图8-2-15　中国古代建筑中的　　　图8-2-16　榫卯木制玩具 　　　图8-2-17　利用榫卯结构制作的
　　　　　　榫卯结构应用　　　　　　　　　　　　　　　　　　　　　　　　　立体构成作品

2. 原木造型

原木造型是充分利用木材的天然纹理进行造型，通过木材的加工，使其纹理的美感效果最大

化。木纹的改变会使造型呈现出不同的形象，所以在对原木进行加工时，应沿着木纹的位置与方向进行设计，这样，也能尽可能地避免木材的开裂。

木材的原材料为自然界中的树木，在砍伐之后可根据形态的不同进行相关的造型，整体来说可分为两方面：一方面是树干的造型，主要为直接使用或加工成木板进行使用，因为树干具有整体性与连续性，所以在立体造型设计中可制作的造型也较多，如图8-2-18所示为利用树干制作的桌椅；另一方面是树枝与树根的造型，与树干相比，树枝与树根具有其独特的造型元素，且具有一种不规则的美感，巧妙地利用此类造型能够设计出意想不到的效果，如图8-2-19所示为利用树根制作的根雕艺术。

图8-2-18　树干制作的桌椅　　　　图8-2-19　根雕艺术

任务三　金属立体构成

任务清单

任务名称	任务内容
任务目标	（1）了解立体构成中常用的加工工艺； （2）掌握金属的材料特性； （3）掌握金属的加工工艺； （4）掌握金属的造型方法

续表

任务名称	任务内容
任务要求	准备以下工具及材料： （1）10 cm×10 cm（自行裁剪）黑色KT板9张； （2）金属网、铁丝、锡箔纸、钢丝球若干； （3）自动铅笔、橡皮、剪刀或裁纸刀； （4）圆规、格尺、502胶水或热熔胶枪等辅助工具
任务思考	（1）金属在视觉上具有哪些特征？ （2）加工金属可以采用何种方法？使用何种工具？ （3）怎样利用金属的特性进行立体构成创作？ （4）金属能够加工成哪些具有美感的造型？
任务计划	请完成以下内容： 任务预览
任务实施	（1）请根据图示完成相关任务，使用金属零件与锡箔纸完成如图1所示效果。 （a）　　　　　　　（b） 图1　金属构成训练（一） （a）过程；（b）最终效果

续表

任务名称	任务内容
任务实施	（2）请根据图示完成相关任务，使用金属条完成如图2所示效果。 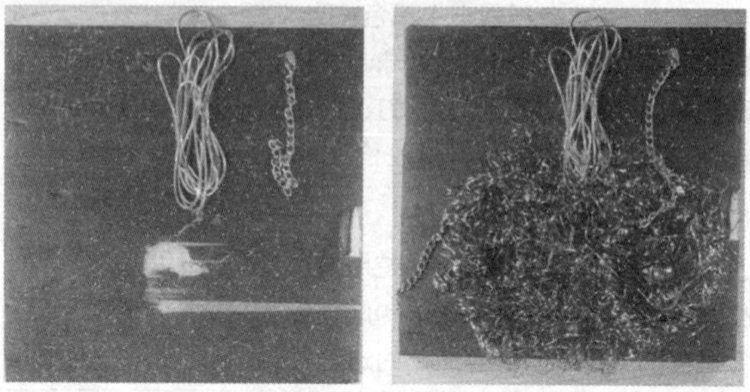 （a）　　　　　　　　（b） 图2　金属构成训练（二） （a）过程；（b）最终效果 （3）请根据图示完成相关任务，使用金属条与金属网完成如图3所示效果。 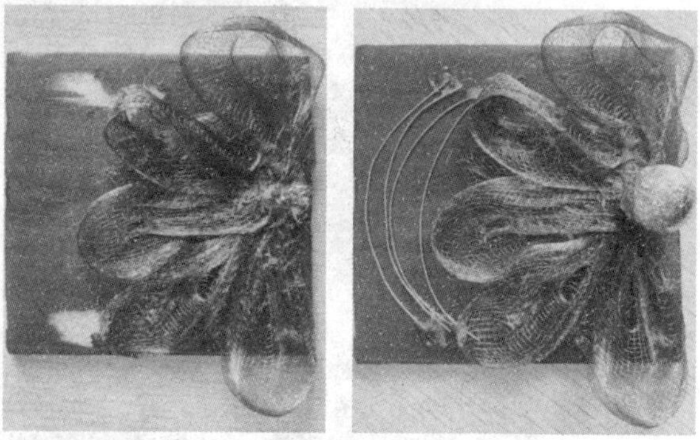 （a）　　　　　　　　（b） 图3　金属构成训练（三） （a）过程；（b）最终效果 （4）请根据图示完成相关任务，使用金属条与金属网完成如图4所示效果。 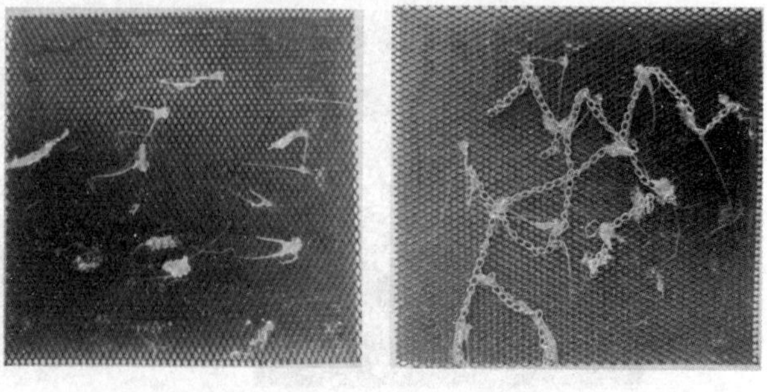 （a）　　　　　　　　（b） 图4　金属构成训练（四） （a）过程；（b）最终效果

续表

任务名称	任务内容
任务实施	（5）请根据图示完成相关任务，使用锡箔纸完成如图5所示效果。 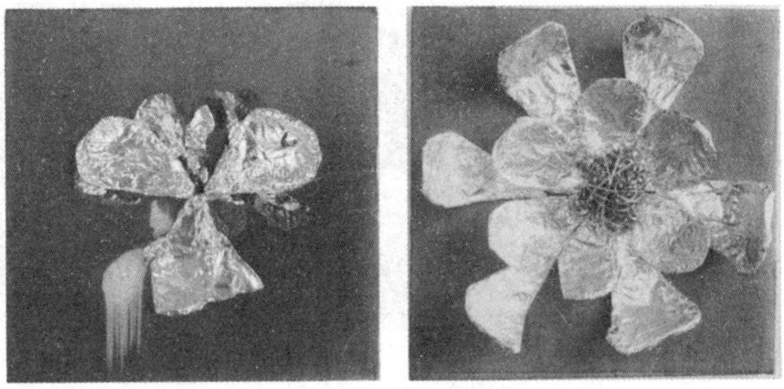 （a） （b） 图5　金属构成训练（五） （a）过程；（b）最终效果 （6）请根据图示完成相关任务，使用锡箔纸与金属网完成如图6所示效果。  （a） （b） 图6　金属构成训练（六） （a）过程；（b）最终效果 （7）请根据图示完成相关任务，使用金属条与金属网完成如图7所示效果。  （a） （b） 图7　金属构成训练（七） （a）过程；（b）最终效果

续表

任务名称	任务内容
任务实施	（8）请根据图示完成相关任务，使用金属条与金属网完成如图8所示效果。 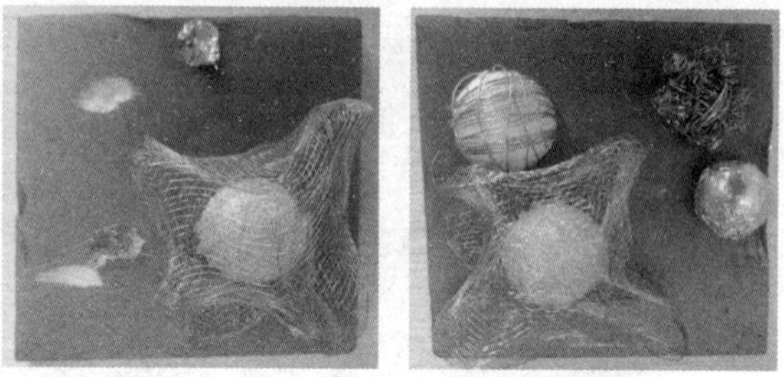 （a）　　　　　　（b） 图8　金属构成训练（八） （a）过程；（b）最终效果 （9）请根据图示完成相关任务，使用钢丝球与锡箔纸完成如图9所示效果。  （a）　　　　　　（b） 图9　金属构成训练（九） （a）过程；（b）最终效果 （10）将以上9项构成训练成果粘贴到一张展示板上，形成图10所示最终效果。  图10　最终效果
任务总结	

知识要点

一、立体构成中材料常见的加工工艺

立体构成本质上是根据造型需求,将一定的材料进行加工的一种艺术形式,所以,材料的加工技术是一件立体构成作品能否成功的重要因素之一。不同材料的加工方式不同,在加工过程中没有唯一的方法,总体来说,可将常见的加工工艺分为以下两种。

1. 加法工艺

加法工艺是将造型进行相加的加工方法。此类工艺的本质是在原有材料的基础上通过加工工艺添加更多的造型效果,其相对较为简单,较为适合在立体构成练习中应用。常见的加法工艺包括镶嵌、焊接、粘合、编织等。

(1)镶嵌是将一种材料嵌入另一种基础材料中,并加以固定成型,使其成为一个整体,如宝石镶嵌、玉石镶嵌等,如图8-3-1所示。

(2)焊接是将零件通过电焊的工艺,组合成一个大的结构体,具有代表性的材料就是金属,同时,金属通过焊接进行加工后也会形成一种较为牢固的结构。焊接的基本原理是通过点加热,融化焊条,并接合在金属材料之间进行凝固,从而实现接合的目的,如大型机械设备维修、小型芯片制作,都是采用了焊接工艺,如图8-3-2所示。

(3)粘合工艺是最常见的加法工艺,大部分情况下需要借助粘合剂进行加工,其大致可分为粘合工艺、热熔接工艺、溶接工艺。粘合工艺在立体构成的实践中应用较多,可根据材料的不同考虑对应的粘合剂,如图8-3-3所示。

(4)编织工艺是线条状材料特有的一种加工工艺,以纺织类材料为主,如毛线、棉麻、织物等,通过编织能够将原本线条状的、质地较软的材料形成面状或体状的、质地较硬的形态,如图8-3-4所示。

图8-3-1 钻石镶嵌

图8-3-2 电焊工艺

图8-3-3　粘合剂

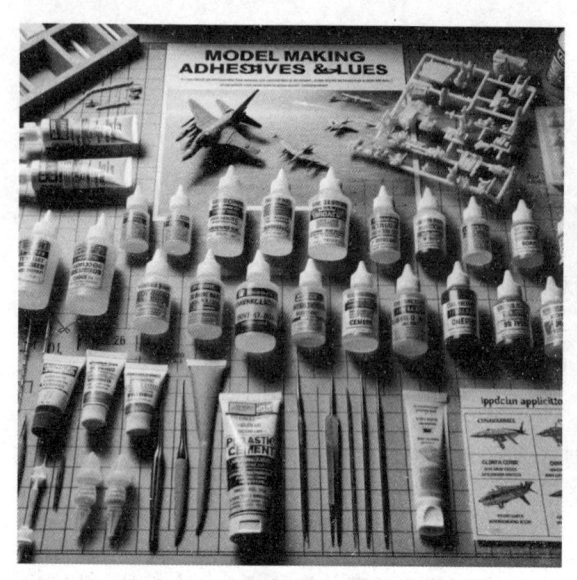

图8-3-4　编织艺术品

2. 减法工艺

减法工艺是切削的加工工艺。此类工艺的本质是在原有材料的基础上，通过加工工艺去除部分造型，以形成新的形态。通常，在减法工艺下的物体尺寸会减少。常见的减法工艺包括剪裁、切削、雕刻、研磨、抛光等。

（1）剪裁是将物体分割为较小形体的工艺，常应用在纸张、织物、皮革等质地较软的材料，一般需要借助剪刀、裁纸刀等工具进行加工（图8-3-5）。

（2）切削是精密的分割工艺，同样，也可将物体分割成较小形体，常应用在石头、金属等质地较硬的材料上，一般需要借助大型的机器进行加工，如金属加工中的车、铣、刨、磨、激光切割等。切削工艺的精度较高，应用较为广泛（图8-3-6）。

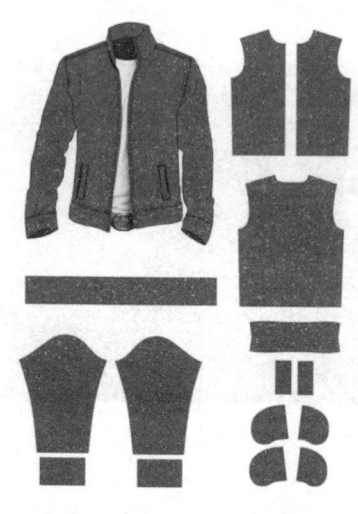

图8-3-5　服装的剪裁打版本

图8-3-6　金属切削

（3）雕刻是在材料表面进行精细处理的一种方法，以人工方式为主，常应用在木材、石材中。在传统文化技艺中具有多种雕刻技法，后期会结合抛光、上色、涂漆等工艺（图8-3-7）。

（4）研磨与抛光是处理材料表面的工艺，其主要目的是材料加工后的打磨，相对精度较高且常会借助一些器械进行加工（图8-3-8）。

图8-3-7　茶具雕刻　　　　　　　　　　　　　　　图8-3-8　饰品抛光

二、金属的特性

金属材料一般可分为黑色金属、有色金属和稀有金属。金属材料具有良好的光泽感，通常情况在相同体积下较其他材料的质量高。

立体构成中，金属特性主要表现在以下几个方面。

1. 硬度与可塑性

金属材料通常具有较高的硬度，这意味着它们可以承受各种加工和塑造。对于一些体积较小或较柔软的金属，可以使用钳、锤、焊等方法进行加工，创造出各种形状。另外，金属还可以通过铸造、锻造、切割、弯曲等工艺进行塑造，实现从原材料到立体构成的转变。

2. 氧化与质感

金属表面在经过氧化处理后，会形成一层保护膜，使金属更耐腐蚀。同时，金属的表面质感也会因氧化而发生变化。例如，金属表面可能产生斑斑锈迹，与打磨、抛光后的质感肌理不同，这种质感可以体现沧桑感与现代感等特质。

3. 导电与导热性

金属是良好的导电和导热材料，这一特性使其在立体构成中可用于制作电路、发热元件等。

4. 延展性与韧性

金属可以拉伸、弯曲而不易断裂，这使金属在立体构成中能够适应各种形态的要求。同时，金属的韧性也使其在受到外力时不易碎裂。

5. 质量与稳定性

金属的密度通常较高,这意味着它们具有较大的质量。在立体构成中,这种质量可以增加整体的稳定性。

6. 色彩与光泽

金属可以通过镀膜、抛光等工艺被赋予不同的色彩和光泽,这为其在立体构成中的设计提供了更多的可能性。

综上所述,这些特性使金属在立体构成中具有广泛的应用,设计者可以根据设计需求和创意选择合适的金属材料,实现具有美感和实用性的立体造型,如图8-3-9、图8-3-10所示。

图8-3-9 金属立体构成作品

图8-3-10 金属材料艺术作品

三、金属的加工工艺

金属材料的特点之一就是光泽感。与其他材料相比,金属质量较重且要求工艺较高,在加工中经常需要借助工具进行。金属常见的加工工艺包括以下几项。

1. 铸造

铸造是将熔融的金属倒入模具,待其冷却凝固后形成所需形状的工艺。铸造适用于加工复杂形状的零件,但表面粗糙度通常较低,如图8-3-11所示。

2. 锻造

锻造是施加外力使金属变形,以形成所需形状和结构的工艺。锻造可以提高金属的机械性能,但加工过程需要较高的设备和技能,如图8-3-12所示。

图8-3-11 金属铸造　　　　　　　图8-3-12 金属锻造

3. 切削加工

切削加工是通过切削工具去除金属材料，以形成所需形状和尺寸的工艺。切削加工精度高、表面光滑，但加工效率相对较低，如图8-3-13所示。

4. 焊接

焊接是一种通过熔融两个或多个金属接头，然后冷却固化，使它们连接在一起的工艺。焊接适用于大型结构或不易加工的零件，如图8-3-14所示。

图8-3-13 车削制作的金属零件

5. 电镀

电镀是在金属表面涂覆一层金属或合金的过程，以增强其耐腐蚀性、导电性或美观性。电镀常用于装饰和电子产品制造，如图8-3-15所示。

图8-3-14 电焊工艺　　　　　图8-3-15 电镀工艺制作的电子产品

6. 热处理

热处理是通过加热和冷却金属改变其机械性能的工艺。热处理可以改善金属的硬度和韧性，提高其抗疲劳性能，如图8-3-16所示。

7. 表面处理

表面处理是对金属表面进行涂层、喷涂或电镀等处理，以提高其耐腐蚀性、美观性和功能性。常见的表面处理方法包括镀锌、喷塑和电泳等，如图8-3-17所示。

图8-3-16 金属淬火 　　　　　图8-3-17 金属表面抛光

四、金属的造型方法

1. 金属线造型

在立体构成实践中，常用金属线进行相关的创作，因为金属线在具有金属材料特性的同时，有着轻便、易于加工、可塑性强等优点，可采用编织、扭曲、粘合等工艺进行加工，从而创造造型，如金属网、金属线球等。金属线善于制作弯曲状的形态，能够呈现较为活泼、自由的美感，如图8-3-18所示。

2. 金属管造型

金属管比金属线更为粗壮，通常为圆柱体。一般金属管在立体构成中会采用两种造型方法：一种是采用数量较多的金属管进行接合，在数量上给予人冲击力，如图8-3-19所示；另一种是采用较大的单个管做造型，形成视觉上的冲击。金属管的造型可以使用直管或弯管，但在加工工艺上金属管比金属线稍微复杂，且具有一定的难度。

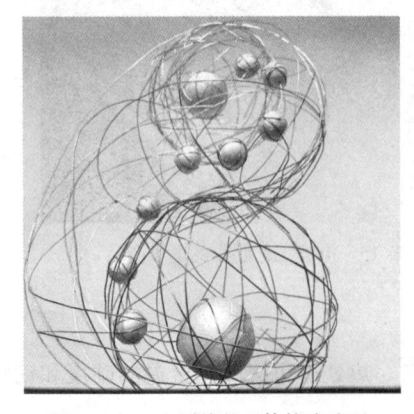

图8-3-18 金属线的立体构成造型 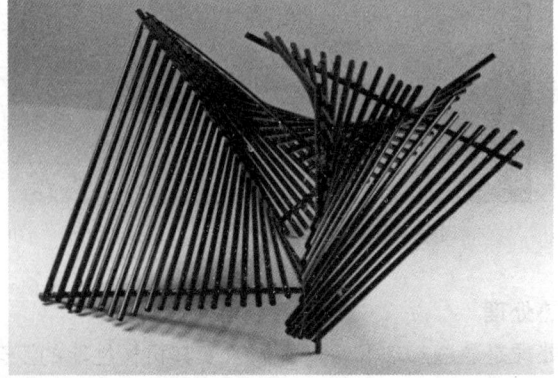　　　　　图8-3-19 金属管的立体构成造型

3. 金属板造型

金属板的造型即面的造型，常用裁切、弯曲的加工工艺，同时，将金属面进行弯曲、拼接、接

合，就会形成体块的造型。在立体构成中，由于金属的特性，常应用面、体的造型进行设计，以突出稳定、敦实的造型美感，如图8-3-20、图8-3-21所示。

图8-3-20　金属板的立体构成造型　　　　图8-3-21　金属艺术雕塑

任务四　塑料立体构成

任务清单

任务名称	任务内容
任务目标	（1）掌握塑料的材料特性； （2）掌握塑料的加工工艺； （3）掌握塑料的造型方法； （4）了解其他材料的相关知识点
任务要求	准备以下工具及材料： （1）10 cm×10 cm（自行裁剪）黑色KT板9张； （2）废弃塑料瓶、颗粒材质素材若干； （3）自动铅笔、橡皮、剪刀或裁纸刀； （4）圆规、格尺、502胶水或热熔胶枪等辅助工具
任务思考	（1）塑料在视觉上具有哪些特征？ （2）加工塑料可以采用何种方法？使用何种工具？ （3）怎样利用塑料的特性进行立体构成创作？ （4）塑料能够加工成哪些具有美感的造型？

续表

任务名称	任务内容
任务计划	请完成以下内容： 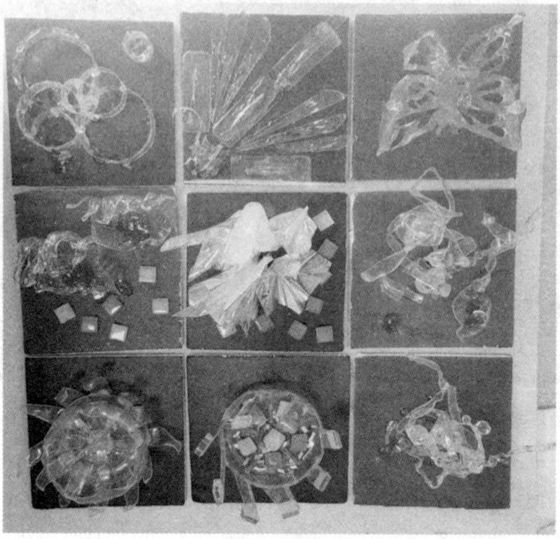 任务预览
任务实施	（1）请根据图示制作相关任务，使用滴胶完成如图1所示效果。 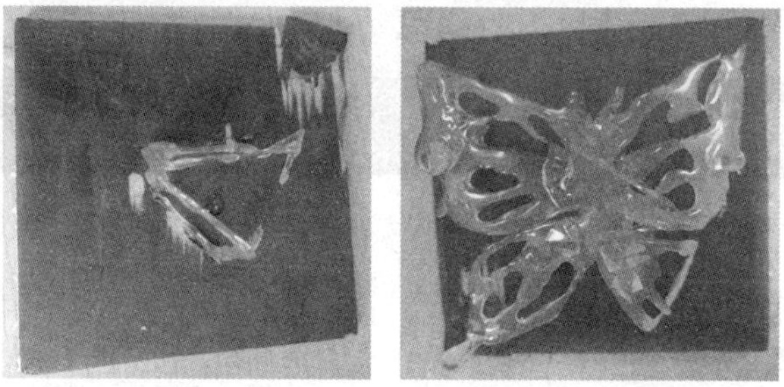 （a）　　　　　　　　　（b） 图1　塑料构成训练（一） （a）过程；（b）最终效果 （2）请根据图示制作相关任务，使用矿泉水瓶材料完成如图2所示效果。 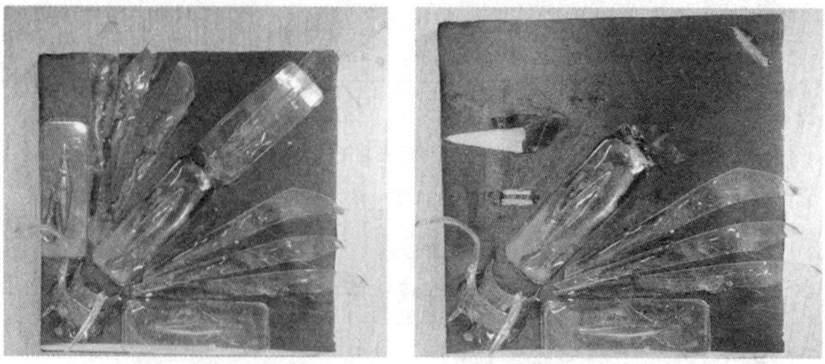 （a）　　　　　　　　　（b） 图2　塑料构成训练（二） （a）过程；（b）最终效果

续表

任务名称	任务内容
任务实施	（3）请根据图示制作相关任务，使用矿泉水瓶材料完成如图3所示效果。 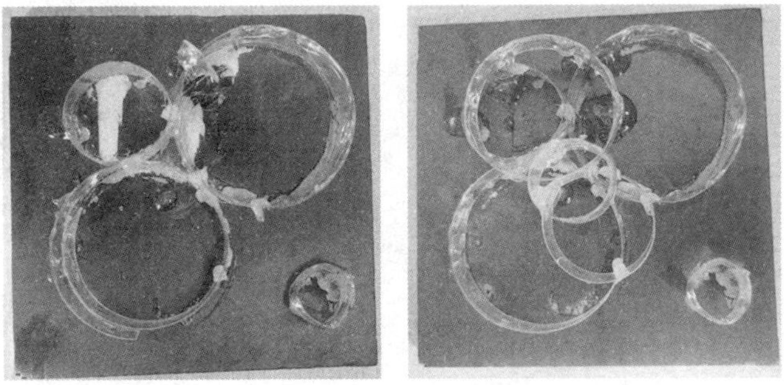 （a） （b） 图3 塑料构成训练（三） （a）过程；（b）最终效果 （4）请根据图示制作相关任务，使用矿泉水瓶材料完成如图4所示效果。 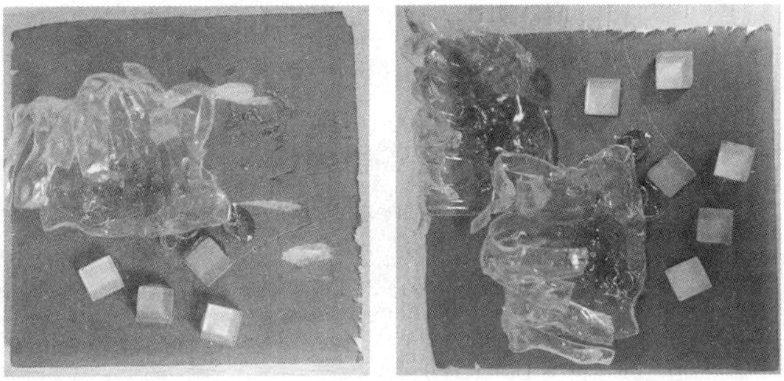 （a） （b） 图4 塑料构成训练（四） （a）过程；（b）最终效果 （5）请根据图示制作相关任务，使用塑料包装纸材料完成如图5所示效果。  （a） （b） 图5 塑料构成训练（五） （a）过程；（b）最终效果

续表

任务名称	任务内容
任务实施	（6）请根据图示制作相关任务，使用塑料材料完成如图6所示效果。 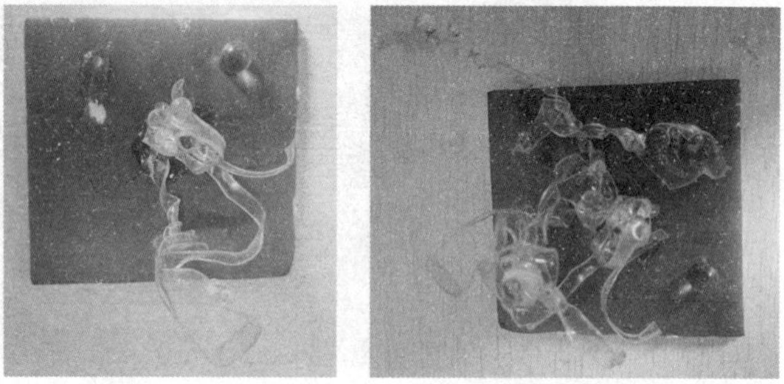 （a）　　　　　　　　（b） 图6　塑料构成训练（六） （a）过程；（b）最终效果 （7）请根据图示制作相关任务，使用塑料材料完成如图7所示效果。 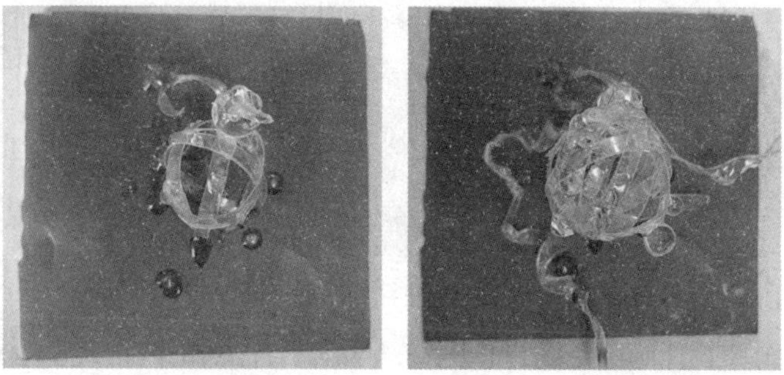 （a）　　　　　　　　（b） 图7　塑料构成训练（七） （a）过程；（b）最终效果 （8）请根据图示制作相关任务，使用塑料材料完成如图8所示效果。  （a）　　　　　　　　（b） 图8　塑料构成训练（八） （a）过程；（b）最终效果

续表

任务名称	任务内容
任务实施	（9）请根据图示制作相关任务，使用矿泉水瓶塑料材料完成如图9所示效果。 （a）　　　　　　　　　　（b） 图9　塑料构成训练（九） （a）过程；（b）最终效果 （10）将以上9项构成训练成果粘贴到一张展示板上，形成如图10所示最终效果。 图10　最终效果
任务总结	

知识要点

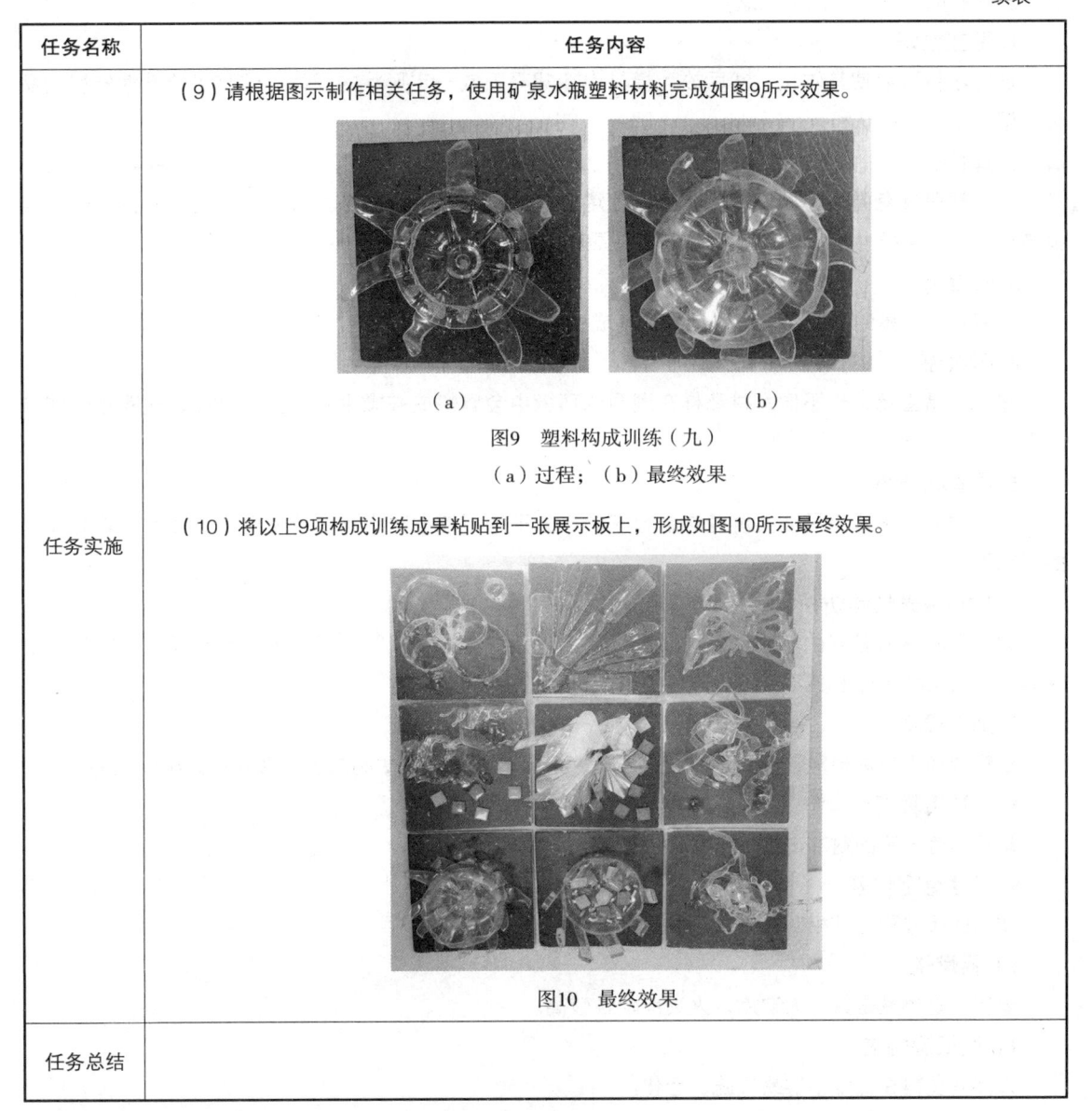

一、塑料的特性

塑料是一种被广泛使用的合成有机高分子材料，在立体构成实践应用中，主要以ABS板和PVC

管桩。塑料的特性包括以下几点。

1. 可塑性好

加热塑料可以使其软化，然后放入模具中冷却凝固成一定形状的固体。这种可塑性使塑料制品可以塑造成各种形状和大小。

2. 弹性佳

部分塑料具有弹性，如聚乙烯和聚氯乙烯的薄膜制品。当受到外力拉扯时，塑料卷曲的分子链会被拉直，一旦拉力撤销，它们又会恢复到原来的状态。

3. 强度高

塑料具有较高的强度和耐磨性，可以制成机器齿轮和轴承。

4. 耐腐蚀

塑料不易生锈，也不像木材那样在潮湿的环境中会腐烂或被微生物侵蚀。另外，塑料也耐酸碱的腐蚀。

5. 具有绝缘性

塑料的分子链是原子以共价键结合起来的，分子既不能电离也不能传递电子，因此，具有良好的绝缘性。

6. 具有透光性和防护性

某些塑料具有较好的透明性，可以用来制造包装材料、容器等。同时，塑料也具有一定的防护性能，可以保护内部物品不受外界环境的影响。

7. 加工成本低

塑料的加工成本相对较低，可以通过注塑、挤出、压延等方式制成各种形状和大小的制品。

8. 耐冲击性好

塑料具有一定的耐冲击性，不易破裂或损伤。

9. 尺寸稳定性差

塑料的尺寸稳定性相对较差，容易变形或收缩。

10. 易燃烧

塑料的易燃性是其一大缺点，火灾危险性较高。

11. 耐低温性差

大部分塑料在低温下容易变脆、老化。

12. 热膨胀率大

塑料的热膨胀率较大，在加热时会膨胀，冷却时会收缩。

13. 溶于溶剂

某些塑料易溶于某些溶剂中，因此需要避免与这些溶剂接触。

综上所述，塑料的这些特性使其在许多领域中得到了广泛应用，在立体构成创作中，可以根据设计需求和创意选择合适的塑料材料，实现相关立体造型，如图8-4-1、图8-4-2所示。

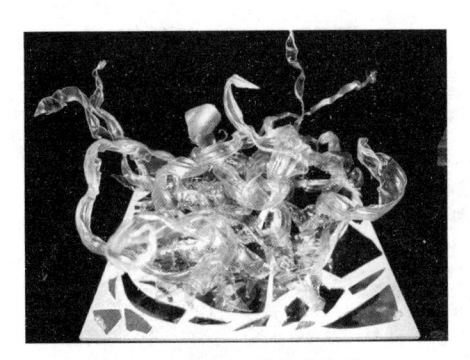

图8-4-1　塑料立体构成作品　　　图8-4-2　潘顿椅：世界上第一把一次模压成型塑料椅

二、塑料的加工工艺

塑料的加工工艺主要包括塑材配料、塑料成型和机械加工三大部分。

1. 塑材配料

塑料加工所用的原料除聚合物外，一般还要加入各种塑料助剂，如稳定剂、增塑剂、着色剂、润滑剂、增强剂和填料等，以改善成型工艺和制品的使用性能，或降低制品的成本。添加剂与聚合物经混合，均匀分散为粉料，称为干混料。有时粉料还需经塑炼加工成粒料。这种粉料和粒料统称为配合料或模塑料，如图8-4-3所示。

2. 塑料成型

塑料成型是塑料加工的关键环节，是将各种形态的塑料（粉、粒料、溶液或分散体）制成所需形状的制品或坯件。塑料成型的方法多达三十几种，它的选择主要决定于塑料的类型（热塑性还是热固性）、起始形态，以及制品的外形和尺寸。加工热塑性塑料常用的方法有挤出、注射成型、压延、吹塑和热成型等，加工热固性塑料一般采用模压、传递模塑，也可采用注射成型。层压、模压和热成型可使塑料在平面上成型。

上述塑料加工的方法均可用于橡胶加工。另外，还有以液态单体或聚合物为原料的浇铸等，如图8-4-4所示。

3. 机械加工

机械加工是通过切割、钻孔、抛光等机械方法，对塑料制品进行加工，如图8-4-5所示。另外，还有一些特殊的加工方法，如焊接和粘合等。塑料焊接是将热塑性塑料加热至软化，通过一定的工具将塑料连接在一起的方法；塑料粘合则是通过粘合剂将两个或多个塑料部件黏结在一起的方法。这些特殊的加工方法对于一些特殊要求的塑料制品非常重要。

在加工过程中，塑料材料可能会因为温度、压力、时间等因素的影响，而发生变形、裂纹、变色等现象，因此，加工时需要对材料进行严格的选择和控制，以确保制品的质量和稳定性。同时，为了满足不同的使用需求，还需要对塑料制品进行表面处理、涂装、电镀等加工，以提高其美观性和耐久性，如图8-4-6所示。

图8-4-3 塑料原料　　　　图8-4-4 塑料热熔效果

图8-4-5 塑料切割　　　　图8-4-6 塑料的表面电镀效果

三、塑料的造型方法

1. 机械与螺栓连接

机械连接是指利用塑料材料的软性与弹性设计的硬性连接。在日常生活中，最常见的机械链接就是塑料卡扣、合页、扎带等，大部分为机械类的连接零件，具有专门的目的性。螺栓连接与机械连接的原理相同，都是利用了塑料的特性，设计一种旋转固定结构，可分为螺栓与螺母。

在立体构成造型中，可以通过设计机械与螺栓连接将塑料制作成特殊的结构造型。设计机械与螺栓连接还可用于其他材料的连接媒介，如图8-4-7所示。

2. 热熔粘合

热熔粘合是利用了塑料的热熔成型工艺，将几种形态连接起来制作出的造型效果。热熔粘合有三种常见的方法，即热熔接、热板熔接和加热加压熔接。热熔粘合也是塑料材质的一种特有造型方法，通过热熔后冷却的原理，将材料拼接以达到一定的设计效果，如图8-4-8所示。

3. 热塑

塑料进行加热后，可利用可塑性进行造型制作，能够达到意想不到的效果。塑料材料的代表——树脂，具有较强的透光率，但密度只有玻璃的一半，同时，其加工工艺非常容易，可通过加热后形成各种卷曲造型，造型中极具曲线美与透光美，如图8-4-9所示。

图8-4-7　塑料卡扣　　　图8-4-8　利用热熔粘合的立体构成作品　　　图8-4-9　利用热塑的立体构成作品

四、其他材料拓展

1. 陶瓷

陶瓷材料是一种无机非金属材料，由天然或合成化合物经过成形和高温烧结制成。它具有熔点高、硬度高、耐磨性高、耐氧化等优点。陶瓷材料可用于制造结构材料、刀具材料、模具材料和功能材料。陶瓷材料的热特性包括具有高熔点（大多在2 000 ℃以上），在高温下具有极好的化学稳定性，导热性低于金属材料，因此可作为良好的隔热材料。另外，陶瓷的线膨胀系数比金属低，具有良好的尺寸稳定性。大多数陶瓷具有良好的电绝缘性，因此，其大量用于制作各种电压的绝缘器件。

陶瓷材料还具有独特的力学性能，其硬度大多在1 500 HV以上，具有高耐磨性和抗腐蚀能力。然而，陶瓷的抗拉强度较低，其塑性和韧性较差。

在立体构成中，陶瓷是一种非常具有表现力的材料。陶瓷具有多种形态表现形式，从几何学的角度来看，线可以定义为点的运动轨迹，通过线的变化，如疏密、粗细和方向，可以创造出不同的空间立体形态，形成强烈的方向感、动感和节奏韵律感。体是具有一定空间占有量的立体形态，体量的形成给人以重量感、厚重感，在陶艺设计中被广泛应用。形态要素构成是艺术创作的基石，也是陶艺设计的前提，从而陶艺作品能作为立体形态表现出空间感、体量感、节奏感，如图8-4-10、图8-4-11所示。

2. 竹材

竹材是一种天然的植物材料，具有生长速度快、可再生、强度高、轻质、环保等优点，在建筑、家具、汽车、造船、航空航天等领域有广泛的应用。竹材主要由纤维素、半纤维素和木质素等组成，其结构使竹材具有较高的强度和硬度。竹材的加工方法多种多样，可以加工成板材、型材、管材、编织品等。竹材的优点包括可再生、强度高、轻质、环保。同时，竹材的加工过程中产生的废料可以自然降解，不会对环境造成污染。然而，竹材也存在一些缺点，如易受潮、易虫蛀、易开裂等，在使用过程中需要注意保养和维护。

图8-4-10　陶瓷材料艺术作品 　　　图8-4-11　陶瓷材料立体构成

竹材料在立体构成中的应用广泛而多样。首先，原竹或竹板材可以经过切割制作成模块化的造型。原竹的块状造型呈现出弧面的效果，而竹板材的块面效果则更加不受限制，可以制作成多样的造型效果。这些模块可以运用到玩具造型上，通过排列、连接、拼搭等构造方法形成多种艺术形态。其次，竹表皮也可以作为单体表现。在竹材料上，现如今运用比较多的是竹材胶合板、竹刨切贴面材料、竹原纤维，以及竹复合材料等作为竹表皮。竹材形态造型丰富，能够表现出复杂的立体造型、表面肌理、质感与视觉质感，这使竹表皮单体表现更适应现代不同建构设计的要求，使表达更为精致，如图8-4-12、图8-4-13所示。

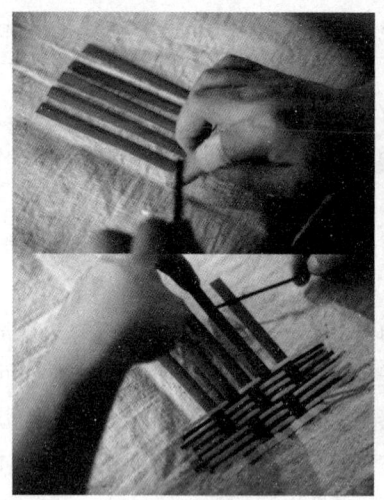

图8-4-12　竹材料 　　　图8-4-13　竹材立体构成

3. 石膏

石膏是一种常见的建筑材料，也是一种常用的装饰材料。它是以天然石膏或工业副产品为原料，经过加工制成的。石膏具有强度高、保温性能好、装饰性好、防火性能好、环保等优点。然而，石膏也存在易受潮、易碎、质量较重等缺点。

石膏在立体构成中的应用主要体现在其制作工艺上。石膏几何体是一种以石膏为材料制作的立体几何体工艺品,其美妙之处在于其纯粹的几何形态和精致的表面质感。制作过程中,需要先将石膏固化成特定的形状,再进行切割、打磨等加工工序,最终呈现出可供欣赏的几何体艺术品。常见的石膏几何体有球体、圆柱体、立方体等多种形态,同时,石膏几何体的颜色也可以根据需求进行选择。

另外,使用模具和雕刻工艺,可以制作出各种不同形状和尺寸的石膏装饰构件,如经典的花纹、几何形状、动植物图案等,以满足不同的设计风格和需求。在石膏构件表面进行雕刻和纹理处理,可增强立体感和艺术感。同时,石膏装饰构件可以与其他材料,如木材、金属等相结合应用,创造出更多样化的装饰效果,如图8-4-14所示。

4. 玻璃

玻璃在立体构成中具有广泛的应用。它可以被塑造成各种立体形状,用于制作雕塑艺术品、展示架、装饰构件和艺术装置。通过热熔、吹制、雕刻等工艺,可以创造出具有独特美感和质感的玻璃制品,增添空间的艺术氛围。玻璃的透明性和光泽感也为室内外装修提供了丰富的材料选择,可与其他材料相结合,创造出更多样化的装饰效果。因此,玻璃在立体构成中是一种具有独特魅力和应用价值的材料,如图8-4-15所示。

图8-4-14 石膏立体构成　　　　图8-4-15 玻璃立体构成

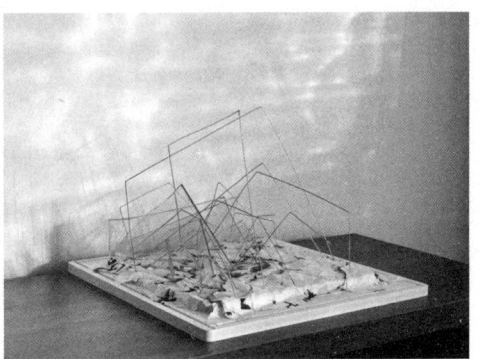

5. 橡胶

橡胶是一种具有可逆形变的高弹性聚合物材料,在室温下富有弹性,在很小的外力作用下能产生较大形变,除去外力后能恢复原状。橡胶属于完全无定型聚合物,它的玻璃化转变温度(T_g)低,分子量往往很大,大于几十万。橡胶可分为天然橡胶和合成橡胶两种。天然橡胶是从橡胶树、橡胶草等植物中提取胶质后加工制成;合成橡胶则由各种单体经聚合反应而得。

橡胶材料在立体构成中有着广泛的应用。由于橡胶具有优良的弹性和柔软性,以及可拉伸和压缩而不易断裂的特性,常常被用来制作各种弹性立体造型。例如,橡胶可以被用来制作各种玩具、模型、艺术品和雕塑等,这些作品可以通过橡胶的弹性变形来呈现不同的立体效果,如图8-4-16所示。

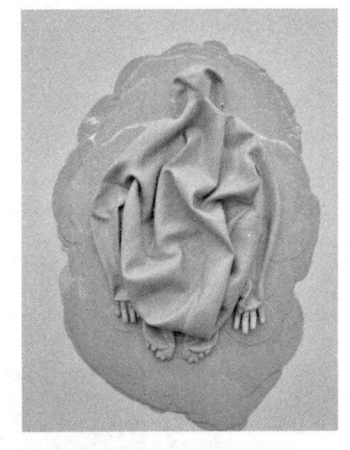

图8-4-16 橡胶立体构成

参考文献 References

[1] 刘刚田,朱丹君,张茜. 设计构成[M]. 2版. 北京:北京大学出版社,2022.

[2] 戴碧峰. 设计构成[M]. 北京:北京大学出版社,2008.

[3] 赵博,刘文杰,韩军. 设计构成基础[M]. 北京:电子工业出版社,2020.